本书的研究工作得到山东大学美学研究中心支持

生生美学

曾繁仁 —— 著

山东文艺出版社

图书在版编目（CIP）数据

生生美学 / 曾繁仁著 . —济南 : 山东文艺出版社，
2023.2

ISBN 978-7-5329-6850-3

Ⅰ . ①生… Ⅱ . ①曾… Ⅲ . ①美学—研究—中国
Ⅳ . ① B83-092

中国国家版本馆 CIP 数据核字 (2023) 第 040073 号

生生美学
SHENGSHENG MEIXUE

曾繁仁　著

主管单位	山东出版传媒股份有限公司
出版发行	山东文艺出版社
社　　址	山东省济南市英雄山路 189 号
邮　　编	250002
网　　址	www.sdwypress.com

读者服务	0531-82098776（总编室）
	0531-82098775（市场营销部）
电子邮箱	sdwy@sdpress.com.cn

印　　刷	山东临沂新华印刷物流集团有限责任公司
开　　本	890mm×1240mm　1/32
印　　张	8.5
字　　数	196 千
版　　次	2023 年 6 月第 1 版
印　　次	2023 年 6 月第 1 次印刷
书　　号	ISBN 978-7-5329-6850-3
定　　价	69.00 元

自　序

　　本书是教育部人文社科重点研究基地"山东大学文艺美学研究中心"重大项目"生态文明视野中的中国传统生态美学思想研究"的结项成果。该项目立项的意图，是试图在目前流行于学术界的欧陆现象学生态美学与英美分析哲学之环境美学之外构建一种相对独立的中国自己的生态美学。众所周知，目前世界美学领域内，艺术哲学美学、日常生活美学与自然生态美学并立，呈三足鼎峙之势。自 20 世纪中期以来，人类社会逐渐进入生态文明时代，传统的工业革命时期的工具理性及其人类中心论被逐步扬弃，代之以新的人与自然共生的生态整体论，自然生态美学呈现迅速发展的态势。我国从 20 世纪 90 年代中期开始了生态美学研究，经历了从引进为主到自主创新的阶段。这种自主创新以 2016 年为开端，逐步进入自觉创建中国特色的生态美学的阶段。因为国家层面明确提出"文化自信"的重要问题，此后又提出"坚守中华文化立场"与"弘扬中华美学精神"，以及对中国优秀传统文化"创造性转化与创新性发展"等一系列重要问题，给我们以鼓励与启发。为此，我们力图创建具有中国形态与中国元素的生态美学。

我们在中西生态美学的对话中，根据对中国文化传统的研究，发掘出"生生美学"这样一个重要观念。其要旨是立足于作为中国传统文化与哲思之源头的《周易》的"生生"之学。"生生"之学作为《周易》之第一要义，既是儒家思想的核心，同时渗透于儒释道各种文化理念之中。儒家之"爱生"、道家之"养生"以及佛家之"护生"等，都是"生生"之学的体现。同时，作为"生生"之重要内涵的"一阴一阳之谓道"更是成为中国哲学与美学的基本规律。"阴阳相生"贯穿于一切中华文学艺术之中，而阴阳相生而成的"言外之意"与"象外之象"之"神韵"，几成中国文化艺术之铁律，以其特有的光辉，彪炳于世。本书试对"生生美学"的提出与内涵作了发掘与阐释。同时，根据中国传统美学的精神主要体现于传统文艺观念与文艺审美形态的基本特征，本书一方面特别重视立足于"生生美学"视野提炼并阐释中国传统文艺美学范畴的"生生美学"意蕴，如"意境""气韵""因借"与"琴德"等，另一方面，结合中国传统各种艺术门类，如音乐、诗歌、书法、国画、戏剧、园林等，对"生生美学"精神的艺术呈现进行梳理和概括。

我们认为，由于中国传统艺术目前仍然活跃于民众生活之中，因此与它们有关的理论观念仍然是有强大生命活力的。这正是构建新时代中国"生生美学"的深厚土壤和根源。同时，在我们看来，生态文化本来就是中国的原生性文化，因此，对中国传统"生生美学"的探索，在一定程度上就是中国美学本身的探索。至少这方面探讨对推进中国美学的研究具有重要的价值意义。

由于本书涉及的知识面较为广泛，而个人的学养有限，因而所论难免失当，只能是作为一种探索的开始。对作者来说，这样的探索将是终身的，在有生之年要一直做下去。如果本书的思考能够起到抛砖引玉的作用，或者在国际交流中引起国际同行学者的同情的理解与对话性的回应，那就是我的热切期待。

　　本书内容的整理、编排过程，得益于我的助手祁海文教授。古琴部分由我的学生赵顿执笔。其他有关同学也为此做了大量的工作，在此特别致以谢忱。

曾繁仁

2019 年 6 月 27 日

目　录

第六章

书法的生命之舞：中国特有的生命抽象艺术　161

第七章

国画的生态审美意蕴：气韵生动，意在景外　187

导　言

　　中国到底有没有自己的美学？如果有，其形态又是什么？这是我国美学界经常讨论的话题。由于长期以来受"欧洲中心论"与"以西释中"影响，我国美学研究对中华民族的审美理论缺乏必要的自信，常常以"审美智慧"称之，没有足够勇气将其称为中国的美学理论。其实，审美是一种生活样式，是一种艺术的生存方式。中华民族有5000多年的文明史，有引以自傲的民族艺术。因此，中国必然拥有本民族的美学，这种美学就是"生生美学"。

　　"生生美学"这一概念来自《周易》，所谓"生生之谓易""天地之大德曰生"。"生生"意即"生命的创生"，是我国古代哲思与艺术的核心所在。长期以来，许多哲学界与美学界的前辈学者就"生生"作了自己的探索。我国著名哲学家方东美明确将中国哲学精神概括为"生生"即"生命的创生"，而一切艺术均来源于体贴生命的伟大。这种阐释形成"生生美学"的雏形。此外，宗白华、刘纲纪等诸多学者还论述过中国传统美学的"生命美学"特征。"生生美学"是一种相异于西方古典认识论美学的中华民族自己的美学形态，独具特色与魅力。而且，体现这种"生生美学"的中国传统艺术如国画、书法、戏曲、琴艺与民间艺术至今仍具有无穷生命力，它们就存在于现实生活之中，因此这种"生生美学"也是鲜活的。

"生生美学"是一种古典形态的"天人相和"的生态之美。过去，我们认为"天人相和"是前现代的产物，所以没有勇气说这就是中国的生态美学，只说是生态审美智慧。但事实告诉我们，中国长期的农业社会以及由此产生的"天人合一"文化形态，决定了尊重自然、顺应自然的生态观在中国具有原生性特点。这种原生性的生态文化，曾经极大地影响了现代西方学者生态观的形成。"天人相和"的生态之美不仅仅是一般的生态智慧，而且是具有原生性并活在当代的生态理论。"天人相和"所构成的人与自然亲和的"中和之美"，与古希腊强调科学的、比例对称的"和谐之美"是不同的。所谓"天人相和"具有明显的"生命创生"的内涵，天地相交、风调雨顺、万物生长就是一种美的形态。这种生态之美仍然存在于我国诸多民间艺术之中，例如年画之"瑞雪兆丰年"与"大丰收"等。

"生生美学"是一种"阴阳相生"的生命之美。"生生美学"是一种东方的生命之美。这种生命之美包含万物化生、宇宙变化等极为丰富的内涵，而且体现出"天地与我并生，而万物与我为一"的理念，是一种古典的生态整体论与生态平等论。特别可贵的是，《周易》揭示了包括艺术创造在内的万事万物生长演化的规律，即"一阴一阳之谓道"。这不仅是万物生长之道，而且是艺术创造之道。中国艺术是一种虚实相生的生命艺术，形成特有的艺术生命体。阴阳之道还概括了艺术创造特有的规律，即凭借阴阳虚实的对比产生一种艺术生命力。例如，国画就是通过白与黑、浓与淡的对比形成一种艺术生命力。像齐白石的虾图，以其"为万虫写照，为百鸟张神"的精神，仅寥寥几笔，以大片的空白将几只小虾在水中活泼泼的生命力表现无遗。

　　"生生美学"还是一种"日新其德"的含蓄之美。"生生美学"作为一种含蓄的美，体现中国传统艺术的无限风光，是一种"言外之意""象外之象"与"味外之旨"。诗歌之"意境"、绘画之"气韵"、山水园林之"写意"、书法之"神韵"等，说的都是中国传统艺术的含蓄之美，可以说是意味无穷。

　　"生生美学"化育于十几亿中国人的生活，蕴含在让我们流连忘返的无数民间艺术之中，寄托着我们绵绵的乡愁与无尽的情思，需要我们好好体悟、好好研究。

第一章

生生美学概说

一、中国传统美学的
精髓：生生美学

（一）"生生美学"的提出

中国到底有没有自己的美学，其形态是什么？这是我国美学界长期探索的论题。由于长期以来"欧洲中心论"与"以西释中"的影响，我国美学研究尚没有完全走出西方的"美是感性认识的完善"与"美是理念的感性显现"等阐释之路，对于本民族的有关审美理论缺乏必要的自信，一般只以"审美智慧"称之，谈到中国美学时，往往底气不足。但审美是一种生活样式，是一种艺术的生存方式。中华民族有着五千多年的文明史，有着繁荣灿烂、光彩照人、足以引以为傲的民族艺术。因此，中国必然有着自己民族的美学。这种美学，我们认为，应该称之为"生生美学"。《周易》是中国"生生美学"的主要来源。《周易》充分反映了中华民族文化起源之际的思维与生存智慧，是民族文化与哲思的集大成及精华所在。《周易》的基本哲学理念就是"生生"。《周易》以乾坤象征天地阴阳，认为天地阴阳之气是万物生命之根源。《周易》的《彖传》说，乾是"万物资始"，坤是"万物资生"；《系辞上传》说，乾"大生"万物，坤"广生"万物。生命的创造是天地阴阳的伟大功德,所以,《周易·系辞下传》说"天地之大德曰生"。《周易》的所谓"易之道",即是天地万物的"生生"之道,所以,《周易·系辞上》说"生生之谓易"。"生生"一词是动宾结构,前一个"生"是动词,后一个"生"是名词。因此,"生生"就是"生命的创生"。这是中国古代哲思与艺术的核心所在。

我们的前辈学者很早就注意阐发中国文化的"生生"之学及其美学意蕴。早在 1921 年,梁漱溟就在《东西文化及其哲学》一书中将孔子学术之要旨归结为"生"。他说:"这一个'生'字是最重要的观念,知道这个就可以知道所有孔家的话。孔家没有别的,就是要顺着自然道理,顶活泼顶流畅地去生发。他以为宇宙总是向前生发的,万物欲生,即任其生,不加造作,必能与宇宙契合,使全宇宙充满了生意春气。"① 方东美指出:"在中国哲学家看来,宇宙乃是普遍生命流行的境界,天为大生,万物资始,地为广生,万物咸亨,合此天地生生之大德,遂成宇宙,其中生气盎然充满,旁通统贯,毫无窒碍,我们立足宇宙之中,与天地广大和谐,与人人同情感应,与物物均调浃合,所以无一处不能顺此普遍生命,而与之全体同流。"② 又说:"一切艺术都是从体贴生命之伟大处得来的。生命之所以伟大,即是因为它无论如何变化,无论如何进展,总是不至于走到穷途末路。"③ 方东美明确地将中国哲学精神概括为"生生",即"生命的创生",并认为一切艺术均来源于体贴生命之伟大。此外,宗白华也讨论过中国传统美学的"生命美学"特征。

"生生美学"是一种相异于西方古典认识论美学的中华民族自

---

① 梁漱溟:《东西方文化及其哲学》,商务印书馆 1999 年版,第 126—127 页。
② 方东美:《中国人生哲学》,中华书局 2012 年版,第 171 页。
③ 方东美:《中国人生哲学》,中华书局 2012 年版,第 57 页。

己的美学形态，独具特色与无穷的魅力。作为"生生美学"精神之呈现的中国传统艺术，如国画、书法、戏曲、琴艺与民间艺术等，至今仍活跃在现实的民族生活与艺术舞台之上。因此，"生生美学"也仍然是活的，仍然具有无穷的生命活力。中国文化是一种早熟的文化，早在先秦时期就发展出完备的哲学与艺术体系，真善美有机地交融在一起。中国古代文献，如《周易》，其《易经》与《易传》的结合使之成为中国古代哲学与美学的发源地，成为中国文化早熟的标志及成果。"生生美学"就是一种早熟的与真善交融在一起的美学形态，需要很好地总结与发扬。

"生生美学"是一种古典形态的"天人相和"的生态之美。生态美学是 20 世纪初期兴起的一种美学形态，目前流行于西方的，有以海德格尔为代表的欧陆现象学生态美学和以卡尔松为代表的英美分析哲学之环境美学。20 世纪 90 年代以降，中国学者努力探索一种根基于中国文化传统"天人合一"理念、汲取现代生态哲学意识、涵括当代生态文明关怀的生态美学。过去，我们囿于现代与前现代之分的思维，没有勇气提出中国的生态美学，一般只是谈中国古代的"生态审美智慧"。但事实上，中国古代尽管没有现代意义上的"生态"观念，但由于长期处于农业社会以及产生于其上的"天人合一"文化模式，决定了尊重自然、顺应自然、亲和自然之生态观在中国具有原生性特点。这种原生性的生态文化，曾经极大地影响了现代西方学者生态观的形成。例如，海德格尔曾受到道家"道法自然"说的启发，梭罗受到儒家仁爱学说之影响等。我国当代的生态文明建设，也借鉴和发扬了"天人合一"派生而出的"天人相和"的民族文化传统。因此，"天人合一"的生态文化不仅仅是一般的生态智慧，而且是具有原生性并活在当代的生态理念。"天人合一"所构成的人与自然亲和的"中和之美",与古希腊的强调科学的比例、对称的"和谐之美"是不相同的。所谓"天人合一",具有明显的"生命创生"的内涵。《周易》泰卦《象传》指出:"天地交而万物通也,上下交而其志同也。"天地相交,风调雨顺,万物发育生长,就是中国古代的一种美的形态。这种生态之美仍然生存于我国诸多民间艺术之中。例如,年画之"瑞雪兆丰年"与"丰收图"等,秧歌舞之中的舞扇祈雨。因此,中国传统文化的"天人合一"之理念与审美追求,理应成为当代生态美学建设之重要一维。

"生生美学"是一种阴阳相生的生命之美。《周易》以阴阳两爻作为思维的基本元素,象征着"天地氤氲,万物化醇;男女构精,万物化生"(《周易·系辞下》)的生命创生与衍化。在这里,思维的起点即是生命的起点,思维的根源即是生命的根源。"生生美学"体现了东方式的对生命之美的追求。这种生命之美包含着万物化生、美好生存与宇宙变易发展的大生机等极为丰富的内涵,而且是"天地与我并生,而万物与我为一"(《庄子·齐物论》)的,是一种古典的生态整体论与生态平等论。特别可贵的是,《周易》揭示了包括艺术创造在内的万事万物生长演化的规律,即所谓"一阴一阳之谓道"(《周易·系辞上》),即通过阴阳对比生成并呈现其背后生命之道。这说明中国艺术是一种虚实相生的生命的艺术,阴阳相生构成了特有的艺术生命体。例如,中国书法就以其笔势的强弱、缓速、色调的浓淡等构成特有的节奏、韵律与筋骨血脉。于是,中国书法理论中就有特殊的"筋血骨肉"之说。所谓"善笔力者多骨,不善笔力者多肉。多骨微肉者谓之筋书,多肉微骨者谓之墨猪"[①]。这可以说是产生于将近两千年前的古典形态的"身体美学"。阴阳

---

① (晋)卫铄:《笔阵图》,潘运告编注《中国历代书论选》,湖南美术出版社 2007 年版,第 33 页。

相生之道体现了艺术创造的特有规律，即是凭借阴阳虚实的对比产生一种艺术的生命之力。国画就是凭借白与黑、浓与淡的对比，形成一种艺术生命之力。例如，齐白石的《虾》图，以其"为万虫写照，为百鸟张神"的精神，仅凭寥寥几笔，以大片的空白，将几只小虾的活泼泼的生命力表现无遗。川剧《秋江》，仅凭老艄翁的一支桨，以及他与陈妙常的舞蹈动作，在空旷的舞台上表演了波涛翻滚的江水，甚至让观众产生晕船之感。中国"生生美学"阴阳相生的奥妙真的是奇妙无比。

"生生美学"是一种"元亨利贞"的"四德"之美。中国传统文化之中，真善美是交融一体的，价值观与审美观相统一。《周易·文言传》曰："元者，善之长也；亨者，嘉之会也；利者，义之和也；贞者，事之干也。……君子行此四德者，故曰'乾：元亨利贞'。"《周易》高扬天地创生万物生命的恩德，所谓"大哉乾元，万物资始，乃统天。云行雨施，品物流行"。朱熹以生物之生长发育阐释"元亨利贞"四德："元者，物之始生；亨者，物之畅茂；利，则向于实也；贞，则实之成也。实之既成，则其根蒂脱落，可复种而生矣。此四德之所以循环而无端也。然后四者之间，生气流行，初无间断，此元之所以包四德而统天也。"[1]"元亨利贞""四德"即真善美的统一。"元亨利贞"既是道德范畴，也是审美范畴，获得感即审美感。这是一种与生命质量相关的生存之美，渗透于人民日常生活与艺术生活之中。中国民间传统艺术无处不体现"元亨利贞""吉祥安康"的主旨。如，年画中的门神，原是以驱邪辟鬼、消灾致福为其主旨的，但却包含着普通民众的某种审美追求。至今，民间春节仍流行贴"福"字，特别是将"福"字倒写，寓意"福到了"等，

---

[1] （宋）朱熹：《周易本义》，廖名春点校，中华书局2009年版，第33页。

尤其突出地体现了对吉祥、平安、幸福等生存之美的追求。广泛活跃于民众生活中的戏曲，其剧目、曲词、表演等，更蕴含着浓郁的"元亨利贞"与"吉祥安康"的审美意识。

"生生美学"是一种"日新其德"的含蓄之美。《周易》大畜《象传》说："大畜，刚健笃实，辉光日新其德。"大畜卦，乾下艮上，艮象山而乾象天，有天在山中，蓄聚充实，辉光无限，生生不息之象。大畜，是力量的蓄集，是天地万物的无限生机与无穷力量的象征，代表着一种含蓄之美。大畜，以静止、笃实之山含蕴着刚健、动行之天，有限与无限相反相成，有"日新其德"的深永的艺术意味。

"生生美学"追求含蓄的生命之美，中国诗歌的"象外之象"与"味外之旨"的"神韵"，绘画之"气韵生动"，书法的"飞动"，园林之"借景"等，都可以说是"生生美学"的含蓄的生命之美的呈现。

中国"生生美学"走过了五千多年的文明历史，体现着中华民族的生态智慧和审美理想，孕育在让我们流连忘返的生生不息的民族艺术之中，寄托着我们绵绵的乡愁与无尽的情思，值得我们好好体悟，好好研究，认真阐发。

（二）"生生美学"之内涵

首先需要强调的是，"生"在我国传统文化中占据主导地位。"生"在甲骨文中即已出现，甲骨文以草生于地上来表达"生"的内涵，已经含有生命繁育之意。此外，中国儒释道各家几乎都强调"生"。儒家有所谓"爱生"，道家有所谓"养生"，释家有所谓"护生"。蒙培元早在 2002 年即指出："'生'的问题是中国哲学的核心问题，体现了中国哲学的根本精神。无论道家还是儒家，都没有例外。我们完全可以说，中国哲学就是'生'的哲学。从孔子、老子开始，直到宋明时期的哲学家，以至明清时期的主要哲学家，都是在'生'的观念中或者是围绕'生'的问题建立其哲学体系并展开其哲学论说的。"[①] "生生"概念最早见于《周易·易传》的"生生之谓易"（《系辞上》）。它是《易传》在论述《周易》之阴阳之道的背景下提出的，《周易·系辞上》指出："一阴一阳之谓道，继之者善也，成之者性也。仁者见之谓之仁，知者见之谓之知，百姓日用而不知，故君子之道鲜矣。显诸仁，藏诸用，鼓万物而不与圣人同忧，盛德大业至矣哉！富有之谓大业，日新之谓盛德，生生之谓易，成象之谓乾，效法之谓坤，极数知来之谓占，通变之谓事，阴阳不测之谓神。"这里充分阐述了阴阳之道的神秘莫测及其巨大的作用。朱熹认为，《系辞上》这段文字，"言道之体用，不外乎阴阳，而其所以然者，则未尝倚于阴阳也"[②]。这说明，在《周易》看来，阴阳之道无所不在，体现于宇宙万物之生长发展变化之中。仁者、智者、百姓日用，无不渗透着阴阳之道。正因此，成就了盛德之大业。总括起来，阴阳的易变之道是一种"生生"之道，它的呈现犹如太阳之烛照、大地万物的效法。通过神秘的占卜，了解过去未来，通变发展与阴阳不测。"生生之谓易"是对阴阳之道的进一步阐释，阴阳之道与"生生之谓易"是紧密相关、互为因果的。一阴一阳，交互作用，才形成了"生生"之易变之道。由此，"生生"成为中国传统文化具有本体意义的核心范畴。孔子《论语》用"生"字达16处之多，例如，孔子曾言"未知生焉知死"（《论语·雍也》），"死生有命，富贵在天"（《论语·颜渊》），"天生德于予，桓魋其如予何"（《论语·述而》），以及"杀生以成仁"（《论

---

① 蒙培元：《为什么说中国哲学是深层生态学》，《新视野》2002年第6期。
② （宋）朱熹：《周易本义》，廖名春点校，中华书局2009年版，第229页。

语·卫灵公》）等等。总而言之，"生"在儒家理论体系中具有本体性的价值意义。

"生生之谓易"包含着极为丰富的内容。首先，"生生"乃流变、变易之意，此乃易学之第一义也。朱熹曾言："'易'之为义，乃指流行变易之体而言。此体生生，元无间断，但其间一动一静相为始终耳。"① "'变易''生生'，遂成为《周易》'易'字的第一义，也遂成为《周易》的第一义。"② 这就是说，易学的第一义就是"生生"，所谓"生生"就是以阴阳之道为其标志的以新革旧，新陈代谢，生生不已。这种"生生"观念，是中国传统文化观念的本体。

其二是"万物生"。《周易·系辞下》有言："天地氤氲，万物化醇；男女构精，万物化生。"这里，运用了阴阳之道最本初的意义，即任何生命的诞育均需依靠男女（阴阳）构精的过程。《系辞下》说："乾坤，其易之门邪？乾，阳物也；坤，阴物也。阴阳合德，而刚柔有体。"乾坤象阴阳，"阴阳合德"，即阴阳相生。有一种观点认为，《周易》阳爻之一画乃男性生殖器之象征，阴爻之两画即为女阴之象征。因此，《周易》的"一阴一阳之谓道"，其最基本的内涵即为万物的诞育，阴阳化生万物。在这里，也可以看出《周易》的引道入儒之迹象。老子云："道生一，一生二，二生三，三生万物。万物负阴而抱阳，冲气以为和。"（《老子·四十二章》）《周易》运用了道家的道生万物、"冲气以为和"之说，提出"天地氤氲，万物化醇"以说明阴阳之气充蕴天地，万物得以化生。这种观念使得中国传统哲学具有特殊的有机性生命性内涵。

再次是"四德"之说。它扩大了"生生"的内涵，将之从一般

---

① （宋）朱熹：《答吴德夫》，《朱熹集》[4]，郭齐、尹波点校，四川教育出版社1996年版，第2153页。
② 王新春：《神妙的周易智慧》，中国书店2001年版，第197—198页。

的生命诞育引向更深的道德层次。《周易》乾卦卦辞为"元亨利贞",《周易·文言》指出:"元者,善之长也;亨者,嘉之会也;利者,义之和也;贞者,事之干也。君子体仁足以长人,嘉会足以合礼,利物足以和义,贞固足以干事。君子行此四德者,故曰'乾:元亨利贞'。"这是对乾所象征的天道赋予宇宙大地与人类生命之恩惠的赞美。《周易》乾卦《彖传》指出:"大哉乾元,万物资始,乃统天。云行雨施,品物流形。大明终始,六位时成。时乘六龙,以御天。乾道变化,各正性命,保合太和,乃利贞。首出庶物,万国咸宁。"乾"首出庶物",是万物生命之开始,它既使"品物流形",又赋予天地间以次序;既使天地万物各得其性命之正,又促使国泰民安。朱熹解"元亨利贞"四德,指出:"元者,物之始生;亨者,物之畅茂;利,则向于实也;贞,则实之成也。实之既成,则其根蒂脱落,可复种而生矣。此四德之所以循环而无端也。然而四者之间,生气流行,初无间断,此元之所以包四德而统天也。"①"元亨利贞"包含着道德、美好、和谐与成功。这样的四德,也是人需要效法之德,所谓"君子行此四德",这说明《周易》赋予了人以辅助天地化育万物的伦理责任。这就为"生生"赋予了仁爱精神,即古典人文主义内涵。

其四就是"日新"之德。《周易》大畜卦《彖传》曰:"大畜,刚健笃实,辉光日新其德。"这是要求人类不断积蓄德行,使之刚健、笃实、辉光,并使之与日俱新。《周易·文言》曾指出:"夫大人者,与天地合其德,与日月合其明,与四时合其序,与鬼神合其吉凶。"天地之德,即"生生",所以,《周易·系辞下》说"天地之大德曰生"。"大人""与天地合其德",即《文言》所说的

---

① (宋)朱熹:《周易本义》,廖名春点校,中华书局 2009 年版,第 33 页。

"君子体仁足以长人，嘉会足以合礼，利物足以和义，贞固足以干事"。因此，大畜卦所蓄之德，所"日新"之德，即"生生"之德。这说明，《周易》的"生生"，包含着不断创新。不断进入新的境界的内涵。方东美说道，"生生"将"生"字重言，借以揭示宇宙生生不息的奥妙，阐明宇宙的创生是一个不停息的过程。这是一种宇宙大化的生生不息的规律，说明生生之美内涵极为丰富深邃，同西方近代生命科学迥异。

其五是"中和"精神。在"生生"观念上，《礼记·中庸》与《周易·易传》一脉相承。《中庸》赋予了"生生"之德以"中和"的精神，指出："喜怒哀乐之未发，谓之中；发而皆中节，谓之和。中也者，天地之大本也；和也者，天下之达道也。致中和，天地位焉，万物育焉。"这里，将万物的诞育生长与天地各在其位、不偏不倚、执其两端而用其中等紧密相连，恰是《易传》所言"保合太和，乃利贞"之意。"生生"的"中和"论内涵非常重要，它使得以"生生"为代表的中国传统哲学和美学与古希腊为代表的物质的形式"和谐论"哲学和美学较为明显地区别开来。

其六是"仁爱"精神。南宋思想家朱熹对《周易》"生生"之学的理解，特别注意揭示"生生"的"仁爱"精神蕴涵，所谓"仁者，天地生物之心，而人之所得以为心者也"[①]。这说明，"生生"即是"仁爱"，不仅是"天地生物之心"，而且是"人之所得以为心"。"生生"成为主宰人类与万物之心，人类与天地万物均有"生生"的仁爱之心。"仁"与"生生"与"心"，在朱熹那里成为同格的范畴。这样，"生生"就具有了儒学本体论的内涵。明代心学大师王阳明在批评墨子的"兼爱"说时，说道："仁是造化生生不息之理……墨氏兼爱无差等，

[①] （宋）朱熹：《四书或问·孟子或问》，朱杰人等主编《朱子全书》（修订本）第 6 册，上海古籍出版社、安徽教育出版社 2010 年版，第 923 页。

将自家父子兄弟与途人一般看，便自没了发端处；不抽芽，便知得他无根，便不是生生不息，安得谓之仁"[1]。王阳明强调"生生不息"之"仁"为人之"根"，即作为人之心性的心，"生生"由此成为人生心性修养之根本。

总之，流动变易、万物生化、四德、日新、中和、仁爱与心性等就是儒家思想中"生生"哲学与美学的基本内涵。由于儒家在中国文化传统中的主体地位，"生生"之学及其基本内涵，几乎涵盖了中国传统文化的一切方面，从而发展成为一种东方古典形态的生命哲学与美学，与西方近代的生命哲学与美学之科学性与人类中心性差异极为明显。我们可以说，"生生"之学成为中国传统文化艺术的基本出发点，或者说是一种最基本最原初的概念。

二、生生美学的文化成因

"生生美学"诞育于中华大地，以早熟并极为丰富的中华文化为其文化背景，具有十分明显的中国作风与中国气派。

（一）"天人合一"的文化传统

"天人合一"是中国古代具有根本性的文化传统，是中国人观察问题的一种特有的立场和视角，影响甚至决定了中国古代各种文化艺术形态的产生发展和形态面貌。它最早起源于新石器时代的"神

---

[1] （明）王阳明：《传习录》，叶圣陶点校，北京联合出版公司，2017年版，第66页。

人合一"的巫术观念，周初时产生了"合天之德"的观念，《诗经·大雅·烝民》的"天生烝民，有物有则。民之秉彝，好是懿德。天监有周，昭假于下"，是这一观念的典型表现。战国至西汉时，产生了"天人合德"（儒）、"天人合道"（道）、"天人感应"（儒与阴阳）的思想。董仲舒在《春秋繁露·深察名号》篇提出了"天人之际，合而为一"说，此后，宋代张载提出"儒者则因明致诚，因诚致明，故天人合一"（《正蒙·乾称下》）。

甲骨文的"天"字，形如一个保持站立姿态头部突出的人。"天，颠也"（《说文解字》），即指人的头部。到了周代，"天"字从象形变成指事，成为人头顶上的有形的自然存在，即天空。"人"字在金文中是侧面站立的人形。这样，"天人合一"就成为人与天空，即人与世界的合一关系。这种关系不是西方的认识论或反映论关系，而是一种伦理的价值论关系，是指人在"天人之际"的世界中获得吉祥安康之意。"天人之际"是人的世界，"天人合一"是人的追求，吉祥安康是生活目标。张岱年认为，中国传统哲学中本体论与伦理学有着密切的关系。"天人合一"既是对于世界本源的探问，更是对于人生价值的追求。"天人合一"又保留了原始祭祀的祈求上天眷顾万物生命的内容。

在"天人合一"观念的发展中，西周以来逐步提出了"敬天明德"与"以德配天"思想。"以德配天"的观念，体现了浓郁的生态人文精神。《周易·系辞下》提出天地人"三才"之说，《文言传》提出"夫大人者，与天地合其德"，包含着人与天地"合德"之意。《礼记·中庸》篇对人提出"至诚"的要求，认为只有"至诚"才能"赞天地之化育，则可以与天地参"。因此，中国古代的"天人合一"论，包含着要求人类要以至诚之心遵循天之规律，合天地"生生"之德，既不违天时，又不违天命，从而达到"天人合一"的目标。这是一种古典形态的生态人文精神。

对于"天人合一"这一命题，学术界争论较多，主要是对"天"的理解，有自然之天、神道之天与意志之天等不同的理解。冯友兰曾指出："在中国文字中，所谓天有五义：曰物质之天，即与地相对之天；曰主宰之天，即所谓皇天上帝，有人格的天、帝；曰运命之天，乃指人生中吾人所无奈何者，如孟子所谓'若夫成功则天也'之天是也；曰自然之天，乃指自然之运行，如《荀子·天论篇》所说之天是也；曰义理之天，乃谓宇宙之最高原理，如《中庸》所说'天命之为性'之天是也。"① 我们所讨论的"天人合一"观念，基本上遵循先秦时期的，特别是《周易·易传》中有关"自然之天"的解释，但也不否认"天人合一"之"天"确实包含着某种神道与意志的内容。

从中国古代文化传统来看，"天人合一"是中国古代农业文化的一种主要传统，是中国人的一种理想与追求。钱穆先生晚年曾指出："中国文化中，'天人合一'观，虽是我早年已屡次讲到，惟到最近始彻悟此一观念实是整个中国传统文化思想之归宿处。……我深信中国文化对世界人类未来求生存之贡献，主要亦即在此。"② 这一判断，是符合实际的。即便是认为中国传统的"天人合一"论具有极大随意性的刘笑敢，也认为明清时期将"天人合一"视为最后的原则、最高的境界和最高的价值。③ 众所周知，司马迁将中国古代文人的精神追求概括为"究天人之际，穷古今之变，成一家之言"，这说明，"天人合一"是中国古代知识分子穷尽一生追求的

---

① 冯友兰：《中国哲学史》，《三松堂全集》（2），河南人民出版社 2000 年版，第 281 页。
② 钱穆：《中国文化对人类未来可有的贡献》，钱穆《世界局势与中国文化》，联经出版事业公司 1998 年版，第 419 页。
③ 参见刘笑敢《天人合一：争论、研究和创构》，载郭齐勇主编《儒家文化研究》（第 5 辑），生活·读书·新知三联书店 2012 年版，第 150 页。

终极目标。从古代社会文化与艺术的实际情况来看，对"天人合一"的追求的确是中国文化的主要传统。如，甲骨文中的"舞"字，就是两人手持牛尾翩翩起舞，显然是巫师在祭祀中向上天祈福；中国传统建筑遵循"法天象地"的原则，如天坛、地坛等；现在的陕北秧歌在整齐的舞队之中一般有一人打伞一人打扇，显然是来源于祈雨习俗。再如，民间俗语中的"瑞雪兆丰年"等等。这些，都说明"天人合一"是中国文化由古至今、生生不息的一种文化传统。中国传统艺术发源于远古的巫术，中国古代的文化艺术中几乎都不同程度地包含着人向天的祝祷与祈福的因素，也就是包含着一定程度的"天人关系"的因素。因此，研究中国古代美学首先要从"天人合一"这一文化传统开始。西方，特别是欧洲的文化传统，遵循着古希腊以来的对于"逻各斯中心主义"的追求。尤其是工业革命以来，由于唯科技主义的发展，使得"逻各斯中心主义"发展成为一种明显的"天人对立"的"人类中心主义"。康德的"人为自然立法"，即一种典型的"天人对立"的、人与自然争胜的观念。只是到20世纪以后，西方才随着对于工业革命的反思与超越，逐渐开始出现以"天人合一"代替"天人对立"的观念。海德格尔于1927年提出"此在与世界"的在世模式，以"天地神人四方游戏"代替"主客二分"。这一思想是受到中国老子"域中有四大，而人居其一"说的影响，是中西文化互鉴与对话的结果。西方当代现象学将西方工业革命之"天人对立"加以"悬搁"而走向"天人"之"间性"，为西方后现代哲学的"天人合一"打下基础。

"天人合一"作为中国的文化传统体现在儒、道、释各家学说之中。儒家倡导"天人合一"而更偏重于人，道家倡导"天人合一"则偏向于自然之天，佛教倡导"天人合一"则偏向于佛学之"天"。

但总的来说，诸家都是在"天人"的维度中探索文化、艺术问题。正因为如此，李泽厚先生提出审美的"天地境界"问题。他认为，蔡元培的"以美育代宗教"命题的有效性就是中国古代的礼乐教化能够提升人的精神达到"天地境界"的高度，这样就将"天人"问题提到美学本体的高度来把握。他说："天地境界的情感心态也就可以是这种准宗教性的悦志悦神。"① 总之，从审美和艺术是人的一种基本生存方式来看，将"天人合一"这一文化传统视为中国古代审美与艺术的基本出发点，应该是没有问题的。

（二）"阴阳相生"的生命律动

"天人合一"与生命美学有什么关系呢？从人类学的角度来看，中国古代原始哲学可以说是一种"阴阳相生"的"生"的哲学。《周易》泰卦《象传》云："天地交而万物通也。"《周易》是中国最古老的占卜之书，也是最古老的思维与生活之书，是一种对事物、生活与思维的抽象，是一种东方古典的现象学。《周易》将纷繁复杂的万事万物及其关系抽象为"阴"与"阳"二爻，通过阴阳二爻的复杂关系呈现天地间生命的创生与化育之规律。在《周易》看来，阴阳二气相感相交，创生了天地万物，阴阳二气的消长盛衰促进天地万物的生长发育。因此，《周易》之道，"一阴一阳"之道，最根本的就是"生生"之道。所以，《周易·系辞上》提出"生生之谓易"，《系辞下》指出"天地之大德曰生"。《周易》是中国哲学的源头，也是中国美学的源头，其核心观念就是"生生"。与之相关的是老子的"道生一，一生二，二生三，三生万物。万物而负阴抱阳，冲气以为和"（《老子·四十二章》），其核心也是一个"生"字。

---

① 李泽厚：《关于"美育代宗教"的杂谈答问》，刘再复《李泽厚美学概论》，生活·读书·新知三联书店 2009 年版，第 230 页。

王振复认为，"天人合一"的"一"，就是"生"，即生命。他说："试问天人合一于何？答曰：合于'生'。'一'者，生也。"[1]所以，"天人合一"作为美学命题所指向的就是"生生之谓易"之中国古代特有的生命美学。我国现代美学的两位著名代表人物方东美与宗白华都倡导生命美学。宗白华1921年就指出，生命活力是一切生命的源头，也是一切美的源头。方东美于1933年出版《生命情调与美感》一书，阐发了中国古代生命美学的特点。

"天人合一"走向生命哲学与美学有一个中间环节——"气"。老子的"万物负阴而抱阳，冲气以为和"，即言阴阳二气相交合而化生天地万物，天地万物均为阴阳冲和之气所构成。人与天地万物一样，也为冲和之气所凝聚。因此，"气"成为"天人"之中间环节。这种以"气"为天地万物成就、生长、化育之根本的观念，奠定了中国古代特有的"气本论"的生命哲学与美学，明显区别于古希腊的物本论的形式美学。"气本论"的生命哲学与美学首先出现在道家思想当中。不仅老子有"冲气以为和"的思想，庄子也指出："人之生，气之聚也。聚则为生，散则为死。若死生为徒，吾又何患！故万物一也。……通天下一气耳。"（《庄子·知北游》）庄子将"气"与生命加以联系，认为万物都根源于"气"，都处于"气"之聚散的循环之中，因为"万物一也"。此外，《管子》也有"有气则生，无气则死"的看法。

综括中国古代"气本论"的生命哲学与美学，可以得出这样几个基本观点。其一是"元气论"。中国古代哲学与美学认为，"气"是万物之源，也是生命之源。南宋真德秀说："盖圣人之文，元气也。聚为日星之光耀，发为风尘之奇变，皆自然而然，

---

[1] 王振复：《中国美学范畴史的动态三维结构》，《王振复自选集》，复旦大学出版社2015年版，第200页。

非用力可至也。"① 对"气"之形态作用，唐人张文在《气赋》中作了形象的描述："若夫气之为物也，寥廓无象，冲虚自然。""聚散无定，盈亏独全。""惟恍惟惚，玄之又玄。"是一种无实体的混沌之态。气的作用是"变化千体，包含万类……其纤也，入于有象；其大也，出于无边"，无论是日月星辰、山河树木、虹楼蜃阁、春荣秋瘁、朝霞晚霭，"圣人遇之而为主，道士餐之而得仙……"② 总之，一切天上人间之生命万象均由"元气"化出，元气乃宇宙之本、生命之源。具体到文学观念，则有曹丕之"文气论"与刘勰《文心雕龙》之"养气说"。曹丕在《典论·论文》中指出："文以气为主，气之清浊有体，不可力强而致。譬诸音乐，曲度虽均，节奏同检，至于引气不齐，巧拙有素，虽在父兄，不能以移子弟。"这是认为，文章的生命力量都在于"气"。这"气"首先是作家的一种先天的禀赋，不可由后天努力获得，体现在文章之中就呈现出千差万别的生命个性。这是以生命论之"文气"对作品风格与作家创作个性的深刻界说。刘勰在《文心雕龙·养气》篇中对作家之创作进行了深入的论述："纷哉万象，劳矣千想。玄神宜宝，素气资养。水停以鉴，火静而朗。无扰文虑，郁此精爽"。刘勰强调，在纷纭复杂的文学创作活动中，作家必须珍惜元神，滋养元气，保持平静的心态，培育强化精爽的创作精神。这是十分重要的作家论，强调以"停"与"静"来排除干扰，保持生命之气的本然状态，从而使作品充满"精爽"之生命之气。综上所述，可见"元气"在中国生命论美学中的重要地位，审美与艺术的根本是保有纯真之元气。为此，除先天之禀赋外，还要通过"养气"

---

① （宋）真德秀：《日湖文集序》，曾枣庄主编《全宋文》（第313册），上海辞书出版社、安徽教育出版社2006年版，第158页。

② （清）董诰等编：《全唐文》（第7册），孙映逵等点校，山西教育出版社2002年版，第5831页。

以培育"元气"，使文学艺术作品充满生命活力。

中国古代哲学与美学的"阴阳相生"说，衍生出关于生命活力之"气交"说。所谓"气交"，即指万物生命与艺术生命是由天与地、阴与阳两气相交相合而成的。《黄帝内经·素问·六微旨大论》篇借岐伯与黄帝的对话提出了"气交"之说。"岐伯曰：言天者求之本，言地者求之位，言人者求之气交。帝曰：何谓气交？岐伯曰：上下之位，气交之中，人之居也。故曰：天枢之上，天气主之；天枢之下，地气主之；气交之分，人气从之，万物由之。"所谓"气交"，就是认为包括人在内的天地万物都是由"气交"而成的，人居"气交之中"，而"万物"亦"由之"。《黄帝内经》的"气交"说之源头可以追溯到《周易》。《周易》泰卦《彖传》说"天地交而万物通"。泰卦乾下坤上，阴上阳下，象征着阴气上升阳气下降，二气相交而生万物。《周易·系辞上》指出："一阴一阳之谓道。继之者善也，成之者性也。"天地万物都由阴阳二气相交而成，天地万物的生长、发育，就是阴阳之气的"继之""成之"的过程，这就是"道"。在《周易》看来，阴阳之气相交的前提是阴上阳下各在其位。就"天人"关系来说，"圣人""大人"与"君子"之职责是"赞天地之化育"，这就要求他们"与天地合其德，与日月合其明，与四时合其序，与鬼神合其吉凶"（《周易·文言》），这样才能做到"天地位焉，万物育焉"（《礼记·中庸》）。这种境界就是《礼记·中庸》篇所说的"致中和"。在《周易》中，这种观念通过《文言传》表现出来。坤卦五爻居上卦之中，其爻辞是"黄裳，元吉"。《文言传》就此指出："君子黄中通理，正位居体，美在其中，而畅于四支，发于事业，美之至也。"这是《周易》集中并直接论美的一段话。所谓"正位居体"，即处身正位，是一种"执中"之象，所以有"黄中通理"之美。在《周易》的观念中，只有处于"执中"之位，才能"与天地合其德，与日月合其明，与四时合其序，与鬼神合其吉凶"，从而促进阴阳之"气交"，"赞天地之化育"，达到"中和"之境界。所以，在中国"天人合一"之哲学与美学看来，只有"中和""执中"才是一种反映万物繁茂与诞育的生命之美。

阴阳相生的生命之美的另一种深化，就是一种对于"生"的善的祝福。这集中表现为《周易》乾卦卦辞"元亨利贞"之"四德"。《文言传》指出："元者，善之长也；亨者，嘉之会也；利者，义之和也；贞者，事之干也。"这"四德"，体现了以"生"之哲学为核心的对生命的存在、繁育之"善"的祝福。这种观念，表现在中国古代艺术中，特别是民间艺术中，就产生了大量的对吉祥安康的善的祝福。如，春节时张贴可怖的门神，绘画中钟馗之类的可怖的形象，等等，都包括避邪趋福的内涵。古代画论中，南齐谢赫在《古画品录》中提出绘画之"六法"，"六法"之道为"气韵生动"。清人唐岱的《绘事发微》指出："画山水贵乎气韵生动。气韵者，非云烟雾霭也，是天地间之真气，凡物无气不生。……气韵由笔墨而生，或取圆浑而雄壮者，或取顺快而流畅者，用笔不痴不弱，是得笔之气也。用墨要浓淡相宜，干湿得当，不滞不枯，使石上苍润之气欲吐，是得墨之气也。"唐岱提出"气韵生动"的实质是天地万物之中的生命之"真气"的流行。在绘画中，这种"真气"通过笔墨的强与弱以及用色之浓与淡的对立对比而表现出来。可见，所谓"气韵生动"，正是"一阴一阳之谓道"之观念在艺术创作中的表现。庄子善言"养生"，其《刻意》篇讲到"吹呴呼吸，吐故纳新，熊经鸟申，为寿而已矣"，即主张通过"吹呴呼吸"与"吐故纳新"之类的导引之术使生命之气得以强化，从而达到延长生命寿限的目的。从这个角度说，艺术创作中通过阴与阳、笔与墨、浓与淡、疏与密的安排，使"气"流行于其间，同样是一种生命气息的导引，可以表现出一呼一吸、吐故纳新的有节奏的生命活动。所以，宗白华说："中国画的主题'气韵生动'，就是'生命的节奏'或'有节奏的生命'。伏羲画八卦，即是以最简单的线条结构表示宇宙万象的变化节奏。后来成为中国山水花鸟画的基本境界的老、庄思想及禅宗思想也不外乎于静观寂照中，求返于自己深心的心灵节奏，以体合宇宙内部的生命节奏。"①

综上所述，生命美学是中国传统美学与艺术的特点，也是中国传统美学区别于西方古典形式之美与理性之美的基本特征。但20世纪以降，在西方现象学哲学对主客二分、人与自然对立的工具理性批判的前提下，生命美学也成为西方现代美学，特别是生态美学的重要理论内涵。海德格尔在《物》中论述了物之本性是阳光雨露与给万物以生命的泉水，梅洛－庞蒂对身体美学，特别是"肉体间性"的论述，伯林特对"参与美学"的论述，卡尔松对生命之美高于形式之美的论述等，这些相关看法的提出，说明中西美学在当代生命美学中相遇了。因此，当代生命美学就是生态美学的深化，它为中国古代生命美学的发展开拓了广阔的空间。

（三）"太极图式"的文化模式

"天人合一"在中国传统艺术中成为一种文化模式，中国传统艺术都包含着一种"天人关系"，如形与神、文与质、意与境、意与象、情与景、言与意等等，由此构成了形神、文质、意境、意象、情境、言意等等特殊的范畴。对这些范畴，绝不能像解释西方"典型"范畴那样将之理解为共性与个性的对立统一，它们都具有更为丰富复杂的东方内涵，只能以中国古代特有的文化模式"太极图式"

---

① 宗白华：《论中西画法的渊源与基础》，林同华主编《宗白华全集》（第2卷），安徽教育出版社2008年版，第109页。

加以阐释。

宋初周敦颐援道入儒，改造了道教的演示其通过炼丹以求长生不老之说的"太极图"，画出了新的"太极图"，并写了《太极图说》，建构了宋明理学重要的宇宙观。他的《太极图说》所体现的思想，发展成为此后中国传统文化艺术中极为重要的"太极图式"，构成了一种特有的中国传统文化的"太极思维"。这种"太极图式"很难用西方的"对立统一"的形而上学观念予以阐释，必须回归到中国传统文化的语境中才能理解。这种"太极图式"起源于中国古老的以图像和符号为其表征的卜筮文化与卜筮思维，此后经过儒、道等传统文化的改造、浸润、熏陶，而更显精致化并带有一种东方的理性色彩，成为中国古代特有的生命论美学的

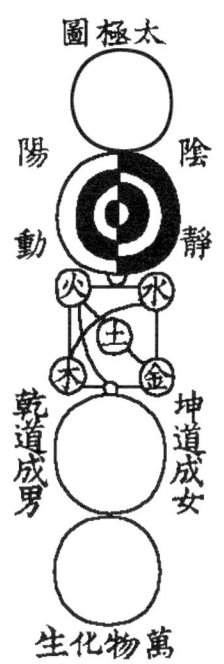

（宋）周敦颐《太极图》

文化与思维方式。很明显，"太极图式"继承了《周易》有关"太极"的观念："是故易有太极，是生两仪。两仪生四象，四象生八卦，八卦定吉凶，吉凶生大业。"（《周易·系辞上》）周敦颐在此基础上加以发挥，形象而生动地阐释了"太极图式"这一生命与审美思维模式的内涵。

首先是回答了什么是"太极"的问题。他指出："无极而太极。"[1]这里的"极"，是"至极"之意。"太极"，即指"没有最高点，也没有任何极边"。所以，不是通常的"主客二分"，但却是万事万物生命的起源，是"道法自然"之"道"，"一生二"之"一"。其次，探讨了太极的活动形态，所谓"太极动而生阳，动极而静，

①（宋）周敦颐：《周敦颐集》，陈克明点校，中华书局 1990 年版，第 1 页。

静而生阴。静极复动。一动一静，互为其根"①，形象地阐释了《老子》的"万物负阴而抱阳，冲气以为和"的观念，说明"太极"是一种阴阳相依相融、交感施受、互为本根的状态。这实际上是对生命之诞育发展过程的模拟和描述。生命的诞育发展就是天地、阴阳的互依互融交互施受的过程，有如《周易》所说的"天地氤氲，万物化醇；男女构精，万物化生"（《周易·系辞下》）。周敦颐指出："二气交感，化生万物，万物生生，而变化无穷焉。惟人也，得其秀而最灵。"②"太极"是万物生命产生的根源，阴阳二气之"交感"，化生了天地万物，而人"得其秀而最灵"。在这"太极化生"的宇宙大化中，圣人起"赞天地之化育"的重要作用，所谓"定之以中正仁义"③，即"与天地合其德"。因此，"大哉《易》也，斯其至矣"④。这就是周敦颐根据易学的关于生命产生与终止、循环往复、无始无终而提出的"太极图式"，是一种对生命形态的形象描述。这种观念几乎概括了中国古代一切文化艺术现象，其中包含了天与人、阴与阳、意与象的互依互存互融，是一种活生生的生命的律动，中国传统美学的"大美无言""大象无形""象外之象""言外之意""味外之旨""味在咸酸之外""情境交融""一切景语即情语"等等观念，都可以说是这种"太极图式"与"太极思维"的具体呈现，体现了中国古代"天人合一"生命论美学的重要特征。

由此可见，"太极图式"实际上是一种东方古典形态的现象学。《周易》将复杂的宇宙人生简化为"阴阳"二爻，演化为六十四卦，揭示了宇宙、人生、社会与艺术的发展变化，呈现一种生命诞育的律动的蓬勃生机的状态。这不是主客二分思维模式下的传统认识论

① （宋）周敦颐：《周敦颐集》，陈克明点校，中华书局1990年版，第4页。
② （宋）周敦颐：《周敦颐集》，陈克明点校，中华书局1990年版，第7-8页。
③ （宋）周敦颐：《周敦颐集》，陈克明点校，中华书局1990年版，第6页。
④ （宋）周敦颐：《周敦颐集》，陈克明点校，中华书局1990年版，第8页。

所能把握的，就像中国诗歌之"味外之旨"，国画之"气韵生动"，书法之龙飞凤舞，音乐之弦外之音。中国传统艺术中的这种"天地氤氲，万物化醇"的太极之美是玄妙无穷、变化多端的。这种一动一静的"太极图式"表现在中国艺术中是一种"一阴一阳之谓道"的艺术模式：绘画上实与虚、黑与白等，产生无穷生命之力。如，齐白石的虾图，以灵动的虾呈现于白底之上，表现出无限的生命之力；再如，中国戏曲中的表演与程式，一阴一阳产生生命动感。川剧《秋江》通过艄翁与陈妙常独到的表演呈现出江水汹涌之势等等。这种"太极化生"的审美与艺术模式倒是与现代西方的现象学美学有几分接近。现象学美学通过对主体与客体、人与自然之二分对立的"悬搁"，在意向性中将审美对象与审美知觉、身体与自然变成一种可逆的主体间性的关系，既是对象又是知觉，既是身体又是自然，相辅相成，互相渗透，充满生命之力、呼吸之气，如梅洛－庞蒂所论的雷诺阿在其著名油画《大浴女》中表现的原始性、神秘性与"一呼一吸"之生命力。此外，梅洛－庞蒂在《眼与心》中所说的"身体图示"，很像中国的"太极图式"。东西方美学在当代生态的生命美学中交融了。

需要说明的是，"太极图式"作为古典形态的现象学毕竟是前现代农业社会的产物，尽管十分切合审美与艺术的思维特点，但历史证明，它与现代科技理性主义是相悖的，与西方后现代时期对工业文明进行反思的现代现象学也有着很大区别。"太极图式"之中也混杂有不少迷信与落后的东西，须经现代的清理与改造。

（四）"线性艺术"的艺术特征

中国传统艺术由其"天人合一"之文化模式决定，是一种生命的线性的艺术、时间的艺术，而西方古代艺术则是一种团块的艺术、空间的艺术。生命的呈现是一种时间的线性的发展模式。线性的时间的艺术呈现为一种音乐之美的特点，如绵绵的乐音在生命的时间之维中流淌。在中国传统艺术中，一切空间意识都化作时间意识，一切艺术内容都在时间与线性中呈现。

关于中国古代艺术的线性特点及其与西方古代团块的艺术的区别，宗白华曾指出："埃及、希腊的建筑、雕刻是一种团块的造型。米开朗琪罗说过：一个好的雕刻作品，就是从山上滚下来滚不坏的。他们的画也是团块。中国就很不同。中国古代艺术家要打破这团块，使它有虚有实，使它疏通。中国的画，我们前面引过《论语》'绘事后素'的话以及《韩非子》'客有为周君画荚者'的故事，说明特别注意线条，是一个线条的组织。中国雕刻也像画，不重视立体性，而注重在流动的线条。"[1] 李泽厚认为，中国艺术，"不是书法从绘画而是绘画要从书法中吸取经验、技巧和力量。运笔的轻重、疾涩、虚实、强弱、转折顿挫、节奏韵律，净化了的线条如同音乐旋律一般，它们竟成为中国各类造型艺术和表现艺术的魂灵"[2]。宗白华指出了中国古代艺术的线性特点，李泽厚指出了中国古代艺术的线性和音乐性特点。其实，线性就是时间性，也就是音乐性。宗、李两位的论述都是十分精到的。

对于中国传统艺术的线性特点，我们按照宗白华的论述路径在中西古代艺术的比较中来认识。

首先，从哲学背景来看，西方古代艺术的哲学背景是几何哲学，而中国古代艺术的哲学背景则是"历律哲学"。宗白华说道：

---

[1] 宗白华：《中国美学史中重要问题的初步探索》，林同华主编《宗白华全集》（第3卷），安徽教育出版社2008年版，第462页。
[2] 李泽厚：《美的历程》，生活·读书·新知三联书店2009年版，第45—46页。

"中国哲学既非'几何空间'之哲学，亦非'纯粹时间'（柏格森）之哲学，乃'四时自成岁'之历律哲学也。"①中国古代以音乐的五声十二律配合自然运行的五行、四时、十二月，古人认为，音律是季节更替导致天地之气变化的表征，以律吕衡量天地之气，通过候气来修订历法，从而使律吕之学成为沟通天人的一个重要渠道。古希腊则因航海业的发达使观测航向的几何之学成为哲学的重要依据。由此，"历律哲学"成为中国古代"线的艺术"的文化依据，"几何哲学"成为古希腊"团块的艺术"的哲学根据。

其次，从艺术与现实的关系看，古希腊的艺术与现实的关系是"模仿"，无论是柏拉图还是亚理斯多德，都以"模仿"说为其美学、艺术理论的重要内容。中国古代关于文艺的产生，则持心物相感的"感物说"。《周易》咸卦《象传》云："咸，感也。柔上而刚下，二气感应以相与。……天地感而万物化生，圣人感人心而天下和平。观其所感，而天下万物之情可见矣。"这是认为，天地万物之创生根源于阴阳二气之感应，而人类世界的和平则来源于圣人之感化人心。《礼记·乐记》以此论"乐"之产生："乐者，音之所由生也，其本在人心之感于物也。"古希腊之"模仿说"偏重于"客体之物"，着眼于物之真实与否；中国古代之"感物说"更偏重于"主体之感"，着眼于被感之情。总之，"物"化为实体，"感"则化为情感。

再次，从代表性的艺术门类看，古希腊代表性的艺术门类是雕塑、史诗，而中国古代代表性的艺术门类则为音乐、抒情诗与书法。中国书法是中国古代特有的艺术形式，发源于殷商之甲骨文和金文，成为中国传统艺术的源头和灵魂。李泽厚在谈到甲骨文时说："它

---

① 宗白华：《形上学——中西哲学之比较》，林同华主编《宗白华全集》（第1卷），安徽教育出版社2008年版，第611页。

更以其净化了的线条美——比彩陶纹饰的抽象几何纹还要更为自由和更为多样的线的曲直运动和空间构造，表现出和表达出种种形体姿态、情感意兴和气势力量，终于形成中国特有的线的艺术：书法。"[1]

　　最后，从绘画艺术的透视法来看，古希腊艺术，特别是其后的西方古代绘画，是集中视线于一点的焦点透视，而中国古代艺术，特别是绘画，则是一种多视点的整体透视，是一种"景随人移、人随景迁、步步可观"的审美形态，是在人的生命活动中、在时间中不断变换的视角。如，《清明上河图》对汴河两岸宏阔图景的全方位展示，实际上是一种多视角表现方法，仿佛一个游人在汴河两岸行走，边走边看，景随人移，步步可观，构成众多视点，从而将汴河两岸繁荣与祥和的全景纳入整个画面。这其实是一种生命的线的流动过程。再如，传统戏曲中虚拟性的表演，以演员边歌边舞的动作，即以行动中的散点透视形象地表演出极为复杂的场景和空间，所谓"三五步千山万水，六七人千军万马"，"走几步，楼上楼下"，"手一推，门里门外"等等，都是一种化空间为时间的艺术处理，这在中国艺术中司空见惯。西方艺术只是到了 20 世纪后半期才打破传统的焦点透视模式而走向多点透视，这在现代派艺术，特别是绘画艺术中表现得尤为明显。与之相应，当代西方美学领域也开始对于焦点透视作为"人类中心""视点中心"之表现的批判。当代中西在绘画艺术视角之表现上又相遇了。当然，这并不会因此而模糊中西美学与艺术的区别。

---

[1] 李泽厚：《美的历程》，生活·读书·新知三联书店 2009 年版，第 42 页。

第二章

中国古代音乐：乐以中和

——生生美学的源头

一、中国古代音乐思想的
历史文化背景：
"礼乐教化"与"历律合一"

　　在当今中国特色社会主义建设的新时代，在中华民族走向伟大复兴的征程之中，坚守中华文化立场，弘扬中华优秀传统文化，发扬中华美学精神，成为十分迫切的重大课题。在中华传统美学之中，中国古代音乐及其美学思想有着特殊的地位。音乐可以说是中国古代艺术的源头与代表。如果说，古希腊以雕塑与史诗为其代表，那么中国古代艺术就以音乐、抒情诗与书法为其代表，并因而决定了中国5000多年艺术的生命性与治世性基本特点。徐复观曾言，江文也关于"中国古代以音乐代表国家"的说法是可以成立的。① 也有学者认为，"乐"是中国认同的图腾或象征。② 历史证明，中国有着十分悠久的音乐传统。20世纪60年代初，我国考古发现了8000多年前的著名的贾湖骨笛。20世纪90年代初期，我国考古学者在山西发现了2800多年前的大型编钟。早在公元前2世纪左右，中

---

① 徐复观：《中国艺术精神》，春风文艺出版社1987年版，第3页。
② ［美］苏源熙：《"礼"异"乐"同——为什么对"乐"的阐释如此重要？》，载刘东主编《中国学术》总第16辑，商务印书馆2004年版，第140页。

国就有了世界最早的音乐美学论著《乐记》。但从 20 世纪初至今，中国音乐落后论的言论不绝于耳。诸如，中国传统音乐只是单旋律，基本上没有和声；中国没有西方那样的键盘乐器，以及记谱法落后等等。即便是治中国古代音乐美学卓有成就的大家，也普遍认为中国传统音乐思想，特别是儒家音乐思想具有明显的"保守性"。在人类文化发展的问题上，我们赞同文化的"类型说"，认为文化是一种生活方式，世界各民族的文化艺术之间只有类型之差别，没有高低之区分。同时，我们也力主文化的语境论，认为对于一种文化思想的评价不能脱离历史时代，是否保守，何以保守，都要放到一定的历史语境中加以理解与分析。为此，我们需要回到 5000 多年前，甚至更早的历史时代，回到中国传统美学与艺术产生的历史文化语境之中，探寻中华美学与艺术得以彪炳于世、不可取代的特点。中国古代的确没有西方那样强调形式的"比例、对称与和谐"与"感性认识之完善"的美学，但我们却又有着独一无二的"生生美学"。诚如方东美所言："中国之哲学，可以下列诸义统摄焉：（1）生之理。生命包容万类，绵络大道，变通化裁，原始要终，敦仁存爱，继善成性，无方无体，亦刚亦柔，趣时显用，亦动亦静。生含五义：一，育种成性义；二，开物成务义；三，创进不息义；四，变化通几义；五，绵延长存义。故《易》重言之曰生生。"又说："天地之美寄于生命，在于盎然生意与灿然活力，而生命之美形于创造，在于浩然生气与醉然创意。这正是中国所有艺术形式的基本原理。"① 作为中国美学与艺术源头的音乐，同样反映了中国传统美学与艺术的"生生美学"之特点。蒋孔阳在论述儒家音乐思想时指出："孔丘在《易·系辞下》说'天地之大德曰生'，又说'生生之谓易'。他用'生'

---

① 方东美：《生生之美》，李溪编，北京大学出版社 2009 年版，第 46—47、290 页。

来解释天地万物，又用'生'来作为他的美学思想的哲学基础。凡是合乎'生'的，他都认为是好的；凡是与'生'相反的，也就是'杀'，他就加以反对。"①蔡仲德在论述《乐记》时指出："'气'成为《乐记》的重要范畴"，又说："《乐记》认为天（或天地）有阴阳之气，此阴阳之气生养万物，给万物以生命，故又称为'生气'；万物禀'生气'而生，故万物皆有'生气'，'生气'是其生命之所在；人有'血气心知之性'，'血气'即'生气'之在人者，是人的生命之所在。所以天、物、人统一于'气'，自然、社会统一于'气'，'气'使宇宙成为一个和谐的整体。"②

　　"生生美学"在中国古代音乐思想中呈现非常复杂的情形，具有明显的中国特色。中国古代正统文化中，特别是儒家所推崇的"雅乐""德音"中没有西方那样的纯音乐，所有的音乐都与教化联系在一起，即所谓"礼乐教化"；所有的音乐又都与传统文化中的阴阳五行联系在一起，即所谓"历律合一"。离开了"礼乐教化"与"历律合一"，就无法理解中国古代音乐思想中的深刻意蕴，甚至难以完全读懂一些重要论述。中国古代的"乐"从来都与政治道德教化以及天文、地理、数学、医学、易学等紧密结合。我们提倡的"生生美学"，也需要从这个意义上加以理解。中国古代音乐美学思想也由此形成了自己特有的文化背景与理论话语。先秦时期，百家争鸣，在音乐理论上，主要为儒道墨三家。道家倡"大音无声"，是一种出世的音乐理论；墨家从节俭出发主张"非乐"；只有儒家持积极入世的态度，力主礼乐教化，弘扬"雅乐""德音"，成为中国古代音乐思想之主流。因此，要理解中国古代音乐思想，理解中国古代音乐思想的"生生美学"之内涵，必须理解儒家的"雅乐"

① 蒋孔阳：《蒋孔阳全集》（第一卷），安徽教育出版社1999年版，第570—571页。
② 蔡仲德：《中国音乐美学史》（修订版），人民音乐出版社2003年版，第349页。

与"德音"。

《论语·阳货》篇载，孔子云："恶紫之夺朱也，恶郑声之乱雅乐也，恶利口之覆邦家者。"将"郑声"与"雅乐"对立，明显推崇"雅乐"。所谓"雅"，《诗大序》云："是以一国之事，系一人之本，谓之风；言天下之事，形四方之风，谓之雅。雅者，正也，言王政之所由废兴也。""风"是通过作者一个人的感受、见闻写一个诸侯国之事；"雅"则是言"王政"，即言周王朝天下四方事。所以，"雅者，正也"，内容上言王政之废兴，形式上是合乎律吕的正声。"雅乐"的代表，对孔子来说，应该是《韶》乐。《论语·述而》篇载："子在齐闻《韶》，三月不知肉味，曰：'不图为乐之至于斯也！'"关于《韶》乐，《尚书·益稷》载："夔曰：'戛击鸣球、搏拊、琴瑟以咏，祖考来格。虞宾在位，群后德让。下管、鼗鼓，合止柷、敔，笙、镛以间，鸟兽跄跄。箫《韶》九成，凤凰来仪。'夔曰：'於！予击石拊石，百兽率舞，庶尹允谐。'"这段文字，反映了尧舜时代祖先祭祀的图腾乐舞，一派鼓乐合鸣、琴瑟和谐、笙箫相间、宾客礼让的景象。关于"德音"，《礼记·乐记》载，魏文侯向子夏言"乐"，认为"天下大定，然后正六律，和五声，弦歌诗颂，此之谓德音"。魏文侯还具体地描述了"古乐"，即"德音"的演奏："今夫古乐，进旅退旅，和乐以广。弦匏笙簧，会守拊鼓。始奏以文，复乱以武，治乱以相，讯疾以雅。君子于是语，于是道古，修身及家，平均天下。此古乐之发也。"由此可见，所谓"德音"即与天相和、进退得当、笙簧相协、修身齐家、平均天下的"古乐"。与之相对的，就是"新乐"，也就是"郑声""奸声"："今夫新乐：进俯退俯，奸声以滥，溺而不止；及优侏儒，糅杂子女，不知父子；乐终，不可以语，不可以道古。此新乐之发也。"儒家倡导的"雅乐""德音"，是一种与天相和、历律相协、修身齐家、平均天下的正声、和乐。这是一种充分体现了"生生之美"的音乐。从远古到西周春秋，这样的礼乐应该是相对符合社会历史发展与人民需要的，也相对地符合音乐自身的发展规律。

二、中国古代音乐"生生美学"思想的具体体现

下面，我们更加具体地探讨中国古代"雅乐""德音"所蕴含的"生生美学"意蕴。

首先，这是一种反映了"中和"之美的音乐，包含了"生生"之德的重要美学内涵，成为中国古代音乐美学思想的基本出发点。中国古代艺术是一种"天人合一"的"中和之美"，充分反映了中国古代哲学的"生生"之德的思想，成为东方特有的生命美学，相异于古希腊的物质的形式的"和谐之美"。将"中和"引入美学与艺术领域应该是始于乐论文献，《尚书·尧典》即有"诗言志，歌永言，声依永，律和声。八音克谐，无相夺伦，神人以和"的表述。《荀子·劝学篇》指出："《礼》之敬文也，《乐》之中和也，《诗》《书》之博也，《春秋》之微也，在天地之间者毕矣。"这里，明确地将"中和"视为"乐"的最基本的美学特征。《礼记·乐记》也说，"故乐者，天地之命，中和之纪，人情之所不能免也。"明确指出了乐之"天地之命，中和之纪"的基本特点。这种"中和之纪"的确是反映了天地阴阳二气交感，创生、化育万物的基本"生生"之德。《乐记》指出："大人举礼乐，则天地将为昭焉。天地诉合，阴阳相得，

煦妪覆育万物。然后草木茂，区萌达，羽翼奋，角觡生，蛰虫昭苏，羽者妪伏，毛者孕鬻，胎生者不殰，而卵生者不殈，则乐之道归焉耳。"又说："夫歌者，直己而陈德也，动己而天地应焉，四时和焉，星辰理焉，万物育焉。"这也就是《礼记·中庸》篇所说的"致中和"的境界："喜怒哀乐之未发，谓之中；发而皆中节，谓之和。中也者，天下之大本也；和也者，天下之达道也。致中和，天地位焉，万物育焉。"显然，"中和"作为天下之"大本""达道"，来源于天地阴阳各在其位，从而万物得以诞育。《周易》泰卦的《彖传》把"中和"与万物化生、社会和谐联系起来，所谓"泰，小往大来，吉，亨，则是天地交而万物通也，上下交而其志同也"。泰卦是《周易》六十四卦中典型的阴阳和合、吉祥亨通之卦，该卦坤上乾下，坤小乾大，乾象天象阳，坤象地象阴。天本在上而地本在下，今坤上乾下，所以"小往大来"，乾坤各欲复归本位，所以阴阳相交，天地相通，促进万物生命之气的亨通，社会各阶层志意之大同。在《周易》看来，"天地位""万物育"的"中和"状态，就是"美"。《周易·文言》论坤卦六五爻爻辞"黄裳，元吉"云："君子黄中通理，正位居体，美在其中，而畅于四支，发于事业，美之至也。""黄"是中央之色，"裳"是下衣，"黄裳"即下而得中之象。坤卦六五爻以阴爻处上卦之中位，虽是以阴处阳位，但在《周易》，得中即处正位，比阳爻居阳位、阴爻居阴位的"得正"更重要。在《周易》六十四卦中，五为至尊之君位。坤六爻以阴处阳，居中得正，有刚柔相济、阴阳相辅相成之象。因此，在《周易》看来，坤六五爻的"黄中通理，正位居体"，即是"美在其中"。如果修养德行、治国平天下能达到这个境界，就是"美之至"。本来，在中国传统美学文献中，"美"字出现较少，通常情况下大都是美与善难分难解，但以《周易》为代表的中国哲学、美学文献常常在没有出现"美"字的地方阐说着、包含着美的意蕴。《周易·文言传》的上述文字，很清楚地揭示了中国传统文化对"美"的理解，天地阴阳居中处正，做到"正位居体"，就能创生、化育万物，而天地万物的生长、繁育，人与自然的和谐，就是最高意义上的美。正因此，《周易·系辞上》总结性地提出："一阴一阳之谓道，继之者善也，成之者性也。"天地阴阳的交通感应，创生了宇宙万物。人能上体天心，辅助天地"生生"之道，"赞天地之化育"，成就万物生长、繁育之"性"，就是"尽物之性"（《礼记·中庸》），这是最大的"善"，也是最高的"美"。因此，阴阳相生之道，也就是《周易》所说的"生生之谓易"（《系辞上》）、"天地之大德曰生"（《系辞下》），既是中国传统哲学的核心精神，也成为中国传统美学的精神原则。"中和之美"恰恰体现了"生生"之德的美学内涵。

其次，音乐之"历律和谐"，体现了"风雨时至，嘉生繁祉"的美学思想。所谓"历"，这里指历法。"律"，指乐律。在中国传统文化中，历法与音律本来是相通的，都是天地自然生命运动之秩序、节奏的揭示。历法属自然，音律属人为。"历律和谐"就是"天人合一"精神的体现。历律之说应该起源于远古以来的农业生产和祭天祀地的文化活动，古代文献记载，中国上古以礼乐祭祀天地神灵，调节自然界的"八风"，从而促进天地之气和谐，普降甘露，繁茂农业，惠及人民。如《国语·周语下》载："物得其常曰乐极，极之所集曰声，声应相保曰和，细大不逾曰平。如是，而铸之金，磨之石，系之丝木，越之匏竹，节之鼓而行之，以遂八风，于是乎气无滞阴，亦无散阳，阴阳序次，风雨时至，嘉生繁祉，人民和利，物备而乐成，上下不罢，故曰乐正。"由此可见，历律和谐即可带来阴阳序次，风雨时至，人民和利。这就是"物备而乐成，上下不罢"、历律相和之"乐正"。要理解古代音乐及其理论，理解儒家对于"雅乐""德音"的倡导，不能离开这样的语境。历律之说的正式提出，学术界将之归之于《周语下》。乐官伶州鸠在回答周景王"问律"时，说："律所以立均出度也。古之神瞀，考中声而量之以制，度律均钟，百官轨仪，纪之以三，平之以六，成于十二，天之道也。"周景王问："七律者何？"伶州鸠回答："昔武王伐殷，岁在鹑火，月在天驷，日在析木之津，辰在斗柄，星在天鼋。……王欲合是五位三所而用之。自鹑及驷，七列也；南北之揆，七同也。凡人神以数合之，以声昭之，数合神和，然后可同也。故以七同其数，而以律和其声，于是乎有七律。"这就从"以律合历"的角度论述了"律""七律"与星象、历法之关系。至于历律之地位，《史记·律书》云："王者制事立法，物度轨则，壹禀于六律，六律为万事根本焉。"在中国传统文化思想的视野之中，历律决定了天象、农业、政事、日常生活、艺术活动、医疗养生，几乎无所不包。虽然，历律之学宋代之后逐步式微，明代几成绝学，但它确是中国传统文化包括音乐文化的历史语境，我们可以对之保持距离，但却不能不研究。宗白华认为，"历律哲学"是古代中国的基本哲学："'测地形'之'几何学'为西方哲学之理想境。'授民时'之'律历'为中国哲学之根基点。中国'本之性情，稽之度数'之音乐为哲学象征，西洋'不懂几何学者勿进哲学之门'。"所以，"中国哲学既非'几何空间'之哲学，亦非'纯粹时间'（柏格森）之哲学，乃'四时自成岁'之历律哲学也"[1]。哲学为一切文化之根基，宗白华将"历律"作为中国传统文化之哲学根基，其言有据。历律学之核心为"历律合一"。古代盛行一种"候气"之说，古人在密室中置入长短不同的竹制律管，内置芦苇薄膜烧成的灰，到了不同的节气，相应律管中的灰就会飞出，以此来测

节气。《大戴礼记·曾子天圆》阐明了"候气之法"与"历律迭相治"的"历律合一"的原理："圣人慎守日月之数，以察星辰之行，以序四时之顺逆，谓之历。截十二管，以宗八音之上下清浊，谓之律也。律居阴而治阳，历居阳而治阴，律历迭相治也，其间不容发。"按照《礼记·月令》载，古人"随月用律"如下：孟春之月，律中太簇；仲春之月，律中夹钟；季春之月，律中姑洗；孟夏之月，律中仲吕；仲夏之月，律中南吕；季秋之月，律中无射；孟冬之月，律中应钟；仲冬之月，律中黄钟；季冬之月，律中大吕。十二月循环往复交替，从冬至开始，阳气回升，节气循环开始。历律学认为，不同季节只能演奏相应的音乐，否则就是"不当令"，将会有灾难和不良后果。这当然是迷信的，但历律合一之以律应历，阴阳相合，繁育万物，却是历律学之"天人合一"思想之表现，从另一个角度阐明了包括音乐在内的艺术的"生生之美"的内涵。诚如罗艺峰所言："逆气，顺气，在《乐记》的卦气思想中乃是指天道的正常或不正常，也就是气机如何的问题。""《乐象篇》所谓'奸声'，正是在'逆气'的影响下发生的不守其职的声，干犯了其他应节之声的声。天行无常，则音律乖乱，一旦逆气成象人乐习焉，则淫乐兴而不可救，其乱乃成。所以，逆字与奸字，正相应和。"[1]可见，按照"历律相和"与"乐节相符"的理论，《乐记》所说的"逆气"与"奸声"乃非正常天象之下造成的乐律乖乱，而"雅乐""德音"则是正常天象下的和乐之音。这样就将"雅"和"奸"与天象之正常与否联系起来，涉及乐律之"合节"与否，这是在历律相和的语境中对于"雅乐""德音"的提倡和对"逆气""奸声"的批判。

再次，"礼乐教化"的"乐以成人"的美学思想。"育德成人"

---

[1] 罗艺峰：《中国音乐思想史五讲》，上海音乐学院出版社 2013 年版，第 195 页。

包含在"日新其德"的范围,理应属于"生生美学"之内涵。众所周知,中国古代没有所谓"纯粹"的音乐,音乐以及其艺术都是一种政治文化教育制度的组成部分,也就是一种"礼乐教化",是治理国家之最重要的途径,这就是著名的"乐教"。离开了"礼乐教化",无法准确地理解中国传统文化中的音乐,当然也无法理解其他艺术。古代中国文化艺术,特别是作为主流形态的儒家思想,最重要的就是"育人",即培养"文质彬彬"的君子。《论语·泰伯》载,孔子曰"兴于诗,立于礼,成于乐"。这里阐明了君子培养的整个过程与途径,将乐的教育放到最后的"成"的位置,可见其重要性。在儒家思想中,"人文化成"具有重要地位。《周易》贲卦的《彖传》曰:"刚柔交错,天文也;文明以止,人文也;观乎天文,以察时变;观乎人文,以化成天下。""礼乐教化"就是"人文化成"的最重要途径。这是在国家建立并稳定后采取的治国之重要利器。《礼记·明堂位》言道:"周公践天子之位,以治天下。六年,朝诸侯于明堂,制礼作乐,而天下大服。"西汉时成书的《礼记·乐记》篇,集先秦儒家"礼乐教化"学说之大成,成为中国也是世界最早并且是最重要的音乐美学思想理论成果。《乐记》高度重视"礼乐教化"的治国平天下的重要地位,所谓"致礼乐之道,举而措之,天下无难矣",说明礼乐交融之道,可以解决治国理政的各种问题。《乐记》主张"礼乐教化"与国家的行政、法律相结合以达到"王道"之境界,"礼节民心,乐和民声,政以行之,刑以防之,礼乐刑政,四达而不悖,则王道备矣",充分反映了中国古代文化艺术的交融性特点。对于"乐教"的道德教化意义,《乐记》也有充分的论述。所谓"是故先王之制礼乐也,非以极口腹耳目之欲也,将以教民平好恶,而反人道之正"。同时,更进一步明确地将"声""音"与

"乐"划清了界限:"凡音者,生人心者也。情动于中,故形于声。声成文,谓之音。……乐者,通伦理者也。是故,知声而不知音者,禽兽是也;知音而不知乐者,众庶是也。唯君子为能知乐。"又说:"德者,性之端也;乐者,德之华也。"这就将"乐"与"伦理"结合起来,赋予"乐"以"德""性"等"伦理"内涵,使"乐"成为"德"的象征:"礼乐皆得,谓之有德,德者得也。"从而将"礼乐教化"的伦理内涵作了极为充分的阐释。"三礼"之一的《周礼》也从礼乐制度方面论述了"乐教"的内容:"大司乐掌成均之法,以治建国之学政,而合国之子弟焉。凡有道者、有德者,使教焉;死则以为乐祖,祭于瞽宗。以乐德教国子:中、和、祗、庸、孝、友;以乐语教国子:兴、道、讽、诵、言、语;以乐舞教国子舞《云门》《大卷》《大咸》《大韶》《大夏》《大濩》《大武》。"(《周礼·春官·大司乐》)这显然是将"乐教"的内容分为"乐德""乐语""乐舞"之教。儒家所说的"雅乐"或"德音",就是《云门》等六代之乐。《乐记》论述了"礼乐教化"的途径,所谓"是故乐在宗庙之中,君臣上下同听之,则莫不和敬;在族长乡里之中,长幼同听之,则莫不和顺;在闺门之内,父子兄弟同听之,则莫不和亲"。"宗庙""族长乡里""闺门",包括中央、地方、家庭,说明乐教活动大体包括了社会生活的各个方面。总之,《乐记》全面阐述了"乐以成人"的儒家思想,深入影响了整个传统社会。当然,儒家的"乐教"是不局限于"君子"之培养的乐教,而是涉及"教民平好恶"的社会性的全面的"乐教"。在《乐记》看来,"乐与政通",乐教关系到政局的安定。所谓"治世之音安以乐,其政和;乱世之音怨以怒,其政乖;亡国之音哀以思,其民困"。《乐记》推崇儒家的"雅乐"之教,批判所谓的"郑卫之音",视之为"乱世""亡国"之音:

"郑卫之音，乱世之音也，比于慢矣；桑间濮上之音，亡国之音也。其政散，其民流，诬上行私而不可止也。"因此，"安以乐"的"雅乐""德音"之教化能促进政治和谐，而"怨以怒"的"郑卫之音"、"哀以思"的"桑间濮上之音"，则只能招致社会、国家之昏乱甚至"亡国"之祸。可见，"乐教"从某种意义上即"政教"也，"乐教"不仅是对于君子的生成，更加是对于国家的生成。

复次，"乐以开风"，包含了"乐以生物"与"乐以生民"的美学思想。《国语·晋语》载晋平公与乐师师旷关于"新声"的讨论，晋平公好"新声"，师旷劝谏道："公室其将卑乎！君之明兆于衰矣。夫乐以开山川之风也，以耀德以广远也。风德以广之，风山川以远之，风物以听之，修诗以咏之，修礼以节之。夫德广远而有时节，是以远服而迩不迁。"师旷认为，"乐"能疏通山川之风，既能够光耀道德，又能够促进万物的生长，甚至促进个人修养、社会政治的和谐。这里提出"乐"能"风物以听之"，即认为音乐感化能促使万物之生长繁育。"风"乃感化之意，"听"即为听乐而生长。这里提出了"乐以开风"与"乐以生物"的命题。在中国传统文化视野中，"风"是天地自然万物的生命之气息，风的流动、畅达，即是天地万物生命发展的顺遂、亨通。中国古典文献将"乐"之作用与"风"联系起来，使"乐以开风"命题具有了"乐"以"生物"之义涵。作为农业社会，耕种为国之大事之一。《国语·周语上》载，春季来临，协风已至，阳气充蕴，土气震发，适合耕种之时，"是日也，瞽师、音官以风土。……稷则遍诚百姓，纪农协功"。"瞽师、音官以风土"，即乐官吹动律管用以考察土气是否适合耕种。这就是著名的"省风"的活动。今天来看的确难以理解，但却是当时"乐以生物"的真实情景。

　　在儒家看来，"风"还可以"生民"，即是反映人民的生存生活状况并加以改善从而巩固统治。古代建立了"采风"制度，定时采集民风，即民歌，以了解人民生活状况。《礼记·王制》记载，天子五年一巡守，同时"命大师陈诗，以观民风；命市纳贾，以观民之好恶，志淫好辟"。就是说，让大师陈上采集的民歌，从中观察民风，包括市场物价情况、人们的好恶、癖好等等，作为从政的参考。这就是所谓通过音乐了解人民生存状况的制度。儒家认为，音乐是与民之寒暑紧密联系的。《乐记》有言："天地之道，寒暑不时则疾，风雨不节则饥。教者，民之寒暑也；教不时则伤世。事者，民之风雨也；事不节则无功；然则先王之为乐也，以法治也，善则行象德矣。"这里，将乐教与民之寒暑与风雨相联系，通过音乐了解人民生存的寒暑与风雨，明确提出寒暑不时则疾，风雨不节则饥。同时，《乐记》还提出不同风格的音乐对于人民产生不同的教育效果，将音乐风格的重要性提到重要地位，进一步倡导雅乐德音，否定淫乐奸声。《乐记》言道："是故志微、噍杀之音作，而民思忧；啴谐、慢易、繁文、简节之音作，而民康乐；粗厉、猛起、奋末、广贲之音作，而民刚毅。廉直、劲正、庄诚之音作，而民肃敬。宽裕、肉好、顺成、和动之音作，而民慈爱。流辟、邪散、狄成、涤滥之音作，而民淫乱。"前面几种乐风导致了几种较好的教育效果，而后面的流辟、邪散、狄成、涤滥之音则是淫乐奸声，造成淫乱的不良效果。当然，"风"还有风化与讽刺之意。《诗大序》有言"上以风化下，下以风刺上。主文而谲谏。言之者无罪，闻之者足以戒，故曰风"，突出了"风"的"风化"与谲谏之意。总之，中国古代音乐包含着丰富的"风"之意，这是无法忽视的重要内涵。

　　最后，"乐者乐也"的"乐身正心"的美学内涵。《乐记》

有言"乐者乐也,人情之所必不免也",道出了"乐"的审美愉悦特征。那么,"乐"的美感应该是什么样呢?"乐"之美感与人的身心又是什么关系呢?儒家所提倡的"乐"之美感是一种"道"之乐、"心"之乐,即超越性的精神愉悦。《乐记》言道:"奋至德之光,动四气之和,以著万物之理。……故乐行而伦清,耳目聪明,血气和平,移风易俗,天下皆宁。故曰:乐者,乐也。君子乐得其道也,小人乐得其欲也。以道制欲,则乐而不乱;以欲忘道,则惑而不乐。"主张"以道制欲",反对"以欲忘道",即强调超越于感官、生理快感的,符合儒家所提倡的仁义礼智信之理性精神的审美愉悦。这种思想集中体现在《乐记》的"存天理,节人欲"之说。《乐记》云:"人生而静,天之性也;感于物而动,性之欲也。物至知知,然后好恶形焉。好恶无节于内,知诱于外,不能反躬,天理灭矣。夫物之感人无穷,而人之好恶无节,而是物至而人化物也。人化物也者,灭天理而穷人欲者也。于是有悖逆诈伪之心,有淫佚作乱之事。是故强者胁弱,众者暴寡,知者诈愚,勇者苦怯,疾病不养,老幼孤独不得其所。此大乱之道也。是故先王之制礼乐,人为之节。""人生而静"之说,可能来自道家,最早见于《淮南子》和《文子》。"物感"则是《乐记》论"乐"的重要发明。这里所谓的"天理"就是"道",因此,这段文字仍是发挥自荀子以来的反对"无欲""寡欲"而主张"节欲"的乐教观点,"先王之制礼乐"是为了"节欲",达到"以道制欲"。正因为主张以礼乐来"人为之节",所以,《乐记》不像后世宋明理学那样主张"存天理,灭人欲",从而对"乐"的积极促进"耳聪目明,血气和平"的感官的、生理的、养生性的美感功能有所肯定。显然,这是对自《左传》《国语》乃至《吕氏春秋》以来受阴阳五行和道家学说影响的对"乐"的养生保身作用的思想的汲取与融会。《史记·乐书》对"乐"的有益于身心健康的功能有综合性论述:"夫上古明王举乐者,非以娱心自乐,快意恣欲,将欲为治也。正教者将始于音,音正而行正。故音乐者,所以动荡血脉,通流精神而和正心也。故宫动脾而和正圣,商动肺而和正义,角动肝而和正仁,徵动心而和正礼,羽动肾而和正智。故乐所以内辅正心而外异贵贱也,上以事宗庙,下以变化黎庶也。"虽然"举乐"的目的,是"欲为治",即"上以事宗庙,下以变化黎庶",而不是为了"娱心自乐,快意恣欲",但"乐"的这种教化作用的关键是"正心",而要"正心",必须通过"动荡血脉,通流精神"来进行,也就是通过养身而达到"正心"。养身不是"乐教"的最后目的,但却是达到"乐教"目的必需的途径。《乐书》将"乐"之五声与身体的五脏和儒家仁义礼智信"五常"机械地联系起来,以阐释"乐"的"动荡血脉,通流精神"的作用,就是这种以养身来"正心"思想的体现。

此外,儒家对"乐"的美育功能的强调还发挥了孟子的"独乐乐不如众乐乐"的"与民同乐"(《孟子·梁惠王下》)的重要思想。《礼记·孔子闲居》篇载子夏问孔子如何能做"民之父母",孔子说:"夫民之父母乎!必达于礼乐之原,以致五至,而行三无,以横于天下。四方有败,必先知之。此之谓民之父母矣。"所谓"五至",即"志之所至,《诗》亦至焉;《诗》之所至,礼亦至焉;礼之所至,乐亦至焉;乐之所至,哀亦至焉。哀乐相生。……志气塞乎天地,此之谓五至"。所谓"三无",即"无声之乐,无体之礼,无服之丧"。"五至三无"之说虽然说得玄妙,但宗旨却是在强调礼乐教化要做到"无礼不行,无礼不作",将礼乐活动弥散、融化到传统社会生活一切方面,无论婚丧嫁娶、生老病死、朝会典礼等等一切活动均伴随着礼乐齐鸣，既是一种制度，也是一种全民的游戏，成为中国传统社会礼乐活动的一大特点。这是传统中国文化的特殊的东方景观，也是儒家理想的礼乐教化之至境。

三、中国古代音乐"生生美学"的价值意义与内在矛盾

以上，我们分析了中国古代"生生之美"音乐的美学思想所产生的文化历史语境，综括了它的基本思想内涵，由此可以证明，"生生之美"的音乐美学思想，是中国传统文化土壤上孕育的，在中国思想文化历史上茁壮成长的独一无二的文化艺术审美形态。那么，这种音乐的价值与意义何在呢？

首先，以"生生之美"为核心的中国音乐美学是一种东方特有的美学类型。本来，审美就是一种特有的艺术的生存方式，具有极为明显的民族性，包括审美在内的文化只有类型之别，没有先进与落后之分，就像是东方人吃饭用筷子，西方人吃饭用刀叉。中国古代音乐美学思想是在悠久的中国文化语境中产生的特有的文化艺术形态。我们可以将《乐记》与几乎是同时代的亚理斯多德的《诗学》相比较，就可以看到两者的明显差别与审美类型之不同。其一，在美的特征上，中国古代音乐美学思想力主"乐之中和"，强调"中和之美"，是一种东方的生命美学、生存美学；亚氏的《诗学》主张美的"实体性""整一性"与"认识性"，是一种认识论美学。

甚至对于人与禽兽之区别，两者的认识也有明显不同。《乐记》认为，"知声而不知音者，禽兽是也；知音而不知乐者，众庶是也。唯君子为能知乐"。从"知声"到"知音"再到"知乐"，差别在于对"乐"的伦理义涵的领悟。亚氏的《诗学》将"模仿"视为人与禽兽的差别，其关键在于认识能力的高低。其二，在艺术的本质上，中国古代音乐美学思想力主"乐与政通""乐通伦理"，强调"礼乐"与"刑政"的相辅相成，是一种混融的交互的性质，单纯的音乐与文学都是不存在的；亚氏的《诗学》明确提出诗的本质是"模仿"，诗的特点是"形象"与"情节"，说明它是一种分别性的美学。其三，在艺术的作用上，中国古代音乐美学思想力主"礼乐教化"和"乐之风物"的作用，强调音乐的"生生"之生命的作用；亚氏《诗学》则强调文学，特别是悲剧的"卡塔西斯"即"引起恐惧与怜悯"的作用，仍然是一种"心理的"认识的作用。总之，东西方艺术观差别明显，是两种不同的类型，无须分别伯仲。

事实证明，中国古代音乐及其美学思想具有中国审美与艺术的源头性质，是中国艺术的"原型"。"原型"（archetype）为瑞士心理学家荣格于1919年提出的，指"集体无意识"，即原始意象，是一种通过遗传而传承的先天倾向，不需要经验的帮助即可使人的行为在类似的情况下与其祖先的行动相似。它成为某个民族乃至人类的共同遗产，成为文艺的重要创作源泉。中国古代音乐美学思想及其重要的"乐之中和"与"生生之美"，可以说就是中国传统文学艺术的"原型"，是一种族类的文化传统。中国最古老的艺术是音乐，最早的美学是"中和之美"与"生生之美"思想。中国最早的诗歌——《诗经》既是诗，又是歌，三百篇在当时都是"入乐"的。《楚辞》的《九歌》，也既是诗又是歌。屈原的《离骚》也可"吟唱"，《史记·屈原贾生列传》说"屈原至于江滨，被发行吟泽畔"，说明《离骚》是可以"行吟"的。汉代的乐府诗来源于民间歌谣，也是乐歌。唐诗中不仅古诗有大部分是歌诗，律诗也有明显的音乐特征。宋词是可以歌唱的，也是一种歌诗。元曲无疑是歌唱，元明戏曲是戏剧性的歌舞，"唱"在其中占据了重要比重。需要特别说明的是，中国传统文学艺术总体上属于抒情传统，抒情性、音乐性是最基本的美学特征，从来不像西方那样以"形象性"作为文学艺术的标准。即使是汉大赋、魏晋骈文、唐宋古文，甚至明清戏剧小说，也都有明显的抒情性与音乐性。这种抒情性、音乐性的美学特征，更明显地表现在作为线之艺术、以韵律著称的中国书法之上。总之，从古至今，五千多年历史，中国文学艺术都与音乐性有着密切的关系。如此丰富的音乐审美文化，何来落后之说？何况，中华民族从古至今还有着大量的绵延时间更长的生命力更加旺盛的各民族的民歌。中国传统音乐的"中和之美"与"生生之美"融入民歌之中，成为一种生命之歌，扣人心弦，动人心魄。即使发展到现在，无论是陕西黄土高原的信天游，东北黑土地的二人转，河南、山东的豫剧，江南水乡的《茉莉花》与采茶歌，云贵各少数民族的民歌，都饱含着无限生机，成为中国人的精神乡愁。这样的音乐文化传承着中华文化的精神血脉，渗透着人民的喜怒哀乐，成为民族的瑰宝，足以使我们为之自豪。在美学的理论原则上，中国古代音乐美学思想也是中国传统艺术的"原型"。它所遵循的"一阴一阳之谓道"的美学原则，蕴含着"阴阳相生""言外之意""弦外之音""象外之象"的特殊审美意味。这使得中国艺术在情与理、黑与白、浓与淡、疾与缓等相反相生的关系之中，产生不可穷尽的"神韵""意境"，为世界艺术之特殊景观。中国古代乐曲尽管是单旋律的，但包含着无限的意蕴。古琴曲《高山流水》以清韵悠远的高山流水之音寓儒家之"仁者乐山，智者乐水"的精神，激越澎湃之《十面埋伏》是对于英雄壮士气概的歌颂，二胡曲《二泉映月》在凄凉的乐曲之中导向对于人生的感叹，如此等等。中国传统的各类艺术都力图运用简洁的艺术语言，导向深邃的意象意境，具有不同凡响的东方意味。

当然，中国古代音乐与音乐美学思想也有其内在的矛盾性，或者可以称之为"内在悖论"。

第一，是雅俗之辩。儒家极力提倡"雅乐""德音"，据《史记·孔子世家》所说，孔子晚年，"自卫反鲁，然后乐正，雅颂各得其所"。据称，"古者《诗》三千余篇，及至孔子，去其重，取可施于礼义"，这就是所谓的"删诗"。"正乐"与"删诗"，对孔子来说本来就是一回事。孔子之"正乐"，目的是"以备王道，成六艺"。"正乐"的标准，应该就是孔子在《论语·为政》篇所说的"思无邪"、《论语·卫灵公》篇所说的"放郑声"，因为"郑声淫"。但是，现存的《诗经》三百余篇仍保存有相当数量的"郑卫之音"，即汉、唐、宋儒所说的"淫奔之诗"。《诗经》中"风"诗占有最大的比重，而抒情又是"风"诗的基本特征，《荀子·儒效》篇说："《风》之所以为不逐者，取是以节之也。"即认为孔子"正乐"之所以大量保留"风"诗，就是为了"取圣人之儒道以节之也"①。《荀子·大略》篇云："《国风》之好色也，传曰：'盈其欲而不愆其止。'""好色"，即《国风》的抒情特征。荀子引"传曰"解释《国风》，认为孔子所以保留"好色"的《国风》，是因为《国风》包含着"欲虽盈满而不敢

---

① 王先谦：《荀子集解》，沈啸寰、王星贤整理，中华书局 2012 年版，第 133 页。

过礼求之。此言好色人所不免，美其不过礼也"。① 此后，汉代《毛诗》、宋朱熹的《诗集传》等，都对孔子的"思无邪"的标准与"郑声淫"的现实之矛盾曲为之解。现代有学者认为，"思无邪"之"无邪"其意为"诚"，即真情实感。"三百五篇都是表达真实思想感情的作品。那些表现了男女缠绵爱情的作品，特别是被后人目为'淫'的郑、卫之诗（如《狡童》《褰裳》），表现性爱之情颇为显露（朱熹说《褰裳》是'淫女语其私者'），孔子居然大量入选（郑诗达21首之多），若以后来儒家的理论教条衡量，就不能说是'纯正'了。可是这些情诗都表现了人的真实情感，这就是'无邪'。"② 也有学者认为，《诗经》中的"风"诗与当时的礼制有密切关系，尤其是与"嘉礼"有关系者，大约多达95首。这可能也是孔子"正乐"而"风"诗多有入选的原因。③ 若回到《诗经》所产生的历史文化语境上，"风"诗在《诗经》中占据多数，应该与当时的"采风"制度有关。《汉书·食货志》载："孟春之月，群居者将散，行人振木铎徇于路，以采诗，献之大师，比其音律，以闻于天子。故曰：王者不窥牖户而知天下。"东汉何休注《春秋公羊传》，云："男女有所怨恨，相从而歌。饥者歌其食，劳者歌其事。男年六十，女年五十无子者，官衣食之，使之民间求诗。乡移于邑，邑移于国，国以闻于天子。故王者不出牖户，尽知天下所苦，不下堂而知四方。"《诗经》中"风"诗大都来自"采诗"。但先秦两汉文献对"采诗"制度的重视，是因为"采诗"是为了"献诗"，"献诗"是为了"观风"，即供"王者"了解民情风俗、民生疾苦，以改善政治。如《礼记·王制》篇载："天子五年一巡守，岁二月，东巡守，至于岱宗，

---

① 王先谦：《荀子集解》，沈啸寰、王星贤整理，中华书局2012年版，第494页。
② 陈良运：《中国历代诗学论著选》，百花洲文艺出版社1995年版，第18页。
③ 徐正英：《风与礼》，《光明日报》2007年10月9日。

柴而望祀山川，觐诸侯，问百年者就见之。命大师陈诗，以观民风。"孔子论"学诗"之效，有"兴观群怨"之说，认为诗"可以观"（《论语·阳货》）。所谓"观"，东汉郑玄的解释是"观风俗之盛衰"，南宋朱熹的解释是"考见得失"。此外，据文献记载，在中国古代政治传统中，"采诗""献诗"还有政治讽谏的政治作用。如《国语·周语上》载："天子听政，使公卿至于列士献诗，瞽献曲，史献书，师箴，瞍赋，矇诵，百工谏，庶人传语，近臣尽规，亲戚补察，瞽、史教诲，耆、艾修之，而后王斟酌焉，是以事行而不悖。"儒家的音乐美学是肯定"乐"（包括歌诗、舞蹈）反映民生疾苦、促进政治教化的作用。《诗经》中的"风"诗既采自民间乐歌，当然有可以考察民情风俗、民生疾苦，甚至政治得失的作用，也可以用以进行政治"讽谏"。如汉代《毛诗大序》论诗，就强调诗可以发挥"下以风刺上"的作用。相对而言，"好色"的、抒情性的"风"诗，无疑更能反映民情风俗、民生疾苦，也更能发挥积极的政治"讽谏"作用。这或许也是孔子"正乐""删诗"而保留大量"好色"的"风"诗的原因。

第二，乐之有无哀乐之辩。汉末曹魏时期，在儒学衰落、玄学盛行的背景下，竹林名士嵇康写了著名的《声无哀乐论》，批判儒家音乐美学所主张的"乐"是人的情感之表现，因而"乐与政通""乐通伦理"等核心主张，实质是对礼乐教化功能的否定。嵇康认为，"音声有自然之和，而无系于人情"[1]，音声只是大小、单复、高卑、猛静、舒疾等自然形式的变化，既不能表现喜怒哀乐之情，更不能表现思想与道德；音声固然能够感动人心，但只是自然"和比"的音声唤起了人的某些情感，情感是人所本有的，却不是音声表现出来的。

---

[1] 戴明扬：《嵇康集校注》，中华书局 2015 年版，第 321 页。

嵇康的《声无哀乐论》是对先秦以来儒家音乐美学的最大冲击与挑战，但也确实暴露了儒家音乐美学的内在矛盾，即始终没有解决音乐的声韵、节奏、曲调等艺术形式与人的情感之间的内在关系，也没有很好地解释清楚音乐形成所以能产生感动人心、导人向善的内存机制。也就是说，儒家音乐美学偏重于强调的音乐的他律问题，对音乐自身的内在规律的思考缺乏关注。当然，科学的理解应该是他律与自律的有机结合，而不是偏于一面。

第三，天理与人欲之辩。从先秦到两汉，儒家音乐美学的一个基本思路，就是《乐记》所表达的"存天理而节人欲"，即认为礼乐教化能节制人的情感、欲望的过分膨胀，引导人的情感、欲望自然地符合"性"与"理"。荀子曾批判他之前的道家的"去欲"说和孟子的"寡欲"说，指出："凡语治而待去欲者，无以道欲而困于有欲者也；凡语治而待寡欲者，无以节欲而困于多欲者也。"（《荀子·正名》）"道欲"，即"导欲"。在荀子看来，礼乐的教化，就既能"节欲"又能"导欲"。其中，"礼"主要发挥"节欲"功能，所谓"凡用血气、志意、知虑，由礼则治通，不由礼则勃乱提僈；食饮、衣服、居处、动静，由礼则和节，不由礼则触陷生疾；容貌、态度、进退、趋行，由礼则雅，不由礼则夷固僻违，庸众而野"（《荀子·修身》）。而"乐"的功能则在于"导欲"，《荀子·乐论》篇指出："乐者，圣人之所乐也，而可以善民心，其感人深，其移风易俗。故先王导之以礼乐而民和睦。"又说："故乐者，所以道乐也。金石丝竹，所以道德也。"因此，先秦两汉的儒家乐论，一方面肯定人的情感欲望的合理性，一方面也认识到人的情感欲望有背离"性""理"的危险，因而主张发挥"乐"的以情感人的审美愉悦功能，将人的情感欲望自然而然地引导到与"性""理"和谐统一的境地。但是，发展到宋明理学，"存天理而节人欲"演变为"存天理，灭人欲"，突出了封建礼教的强制作用，使得"礼乐教化"走向极端，抛弃了先秦两汉儒家思想中宝贵的人文意蕴，更远离了儒家音乐美学中"生生之美"的宗旨。明代李贽倡"童心"说，批判"存天理，灭人欲"，提出："六经语孟，乃道学之口实，假人之渊薮也，断断乎其不可语于童心之言明矣。"[①]甚至公开地肯定人欲之"私"的必然联系与合理性："夫私者，人之心也。人必有私，而后其心乃见。若无私，则无心矣。"[②]"情"与"理"的关系及其发展，是儒家为主体的中国音乐美学思想的一个基本线索。

第四，有关"天人感应"之辩。中国音乐美学以"历律合一"为理论前提，而"历律合一"的基本是"天人合一"。"天人合一"观念最早集中于《周易·易传》中，强调人与自然的和谐与统一。到了西汉董仲舒，建立神学目的论儒学，将"天人合一"发展为神秘的"天人感应"，对以《乐记》为代表的儒家音乐美学也有重要影响。东汉王充著《论衡》，批判"天人感应"理论，认为天地是自然的，其本质是无为，并非是有意志的神灵，也不能对人世施以灾异、谴告，"夫天道，自然也，无为；如谴告人，是有为，非自然也"（《论衡·谴告》）。天地创生万物与人，也是偶然的，无意识的，"天地合气，万物自生"（《论衡·自然》），"天地合气，人偶自生也"（《论衡·物势》）。对"天人感应"之说影响下的"以历合律"说，王充也进行了批判。古史传说："师旷奏《白雪》之曲，而神物下降，风雨暴至。平公因之癃病，晋国赤地。""师旷《清角》之曲，一奏之，有云从西北起；再奏之，大风至，大雨随之，裂帷幕，破俎豆，堕廊瓦，坐者散走，平公恐惧，伏乎廊室。晋国大旱，赤

---

① 张建业主编：《李贽全集注·焚书注》（1），社会科学文献出版社 2010 年版，第 277 页。
② 张建业主编：《李贽全集注·藏书注》（3），社会科学文献出版社 2010 年版，第 526 页。

地三年，平公癃病。"王充认为，这些传说，"原省其实，殆虚言也"（《论衡·感虚》）。明朱载堉之《律学新说》认为，西汉刘歆之"历律统一"之论"盖皆倚数配合，穿凿附会，而与律吕之理全不相关"；对于"候气之说"，他也认为是"荒唐之所造"①。这样的批判当然是合理的。"天人感应"固然为音乐美学带来很多神秘、迷信的成分，但一方面，"候气""听风""历律合一"是自上古以来与音乐、历法、政治，以至生产方式、生活方式等紧密相关的历史文化传统；另一面，到董仲舒发展到极致的、被神学化、政治化的"天人感应"学说，其前身和依据实际上是春秋时期以来的阴阳五行学说。阴阳五行学说与《周易·易传》以来的"生生"之学相结合，对《左传》《国语》以至《乐记》的乐论之形成，对建构儒家音乐美学体系等都有非常深刻的影响。如果不考虑这样的历史文化语境，简单地将其斥为"荒唐无稽"的迷信，就很难确切地理解中国音乐文献，更谈不上真正地把握中国音乐美学的思想精髓。

四、琴品：清微淡远、中和自然的审美崇尚

琴乐是中国古代音乐的代表。中国古琴艺术源远流长，不仅保存曲目极多，表现力极丰富，而且承载了极为深厚的文化内涵和美学思想。古代先哲关于人与自然关系的基本态度可以用"天人合一"

---

① （明）朱载堉：《律学新说》，冯文慈点注，人民音乐出版社1986年版，第2、115页。

（清）钱慧安《伯牙鼓琴图》

（清）赵炳停《琴待月图》

（宋）赵佶《听琴图》

来概括。"天人合一"作为一种思维模式和文化理想，注重万物的有机统一，强调天、地、人三才的不可分割。"天人合一"，即是人与自然关系的和谐统一。天人合一的理想更多地指向人的生存与自然的圆融和统一。

"自然"一词始见于《老子·二十五章》："人法地，地法天，天法道，道法自然。"《老子》《庄子》中的"自然"，即自己如此，指人、天地、万物与道合一的，按其本性而存在、发展的理想状态。从人的存在来讲，一方面，"自然"的"自己如此""自然而然"这一义项包含着人性自然，即人的本然与应然的生命状态之意。《老子》《庄子》中都有对"婴儿""赤子"的赞颂，婴孩以无知、无求、无遮蔽、无分辨为显著特征，他们尚未受到知识的遮蔽和礼义的熏染，呈现出一种浑然抱朴的自然生命状态。老子的"复归于婴儿"（《老子·二十八章》），也就是对自然生命本原的追溯、天真未凿的天然状态的回归。艺术与人生的存在方式密不可分，中国古代美学，尤其是乐论与琴论中大量的"返本""复初"之说，正是主张人回归到与自然世界浑然一体、原初美好的状态。另一方面，自然还具有形而下的实体性内涵（如自然界、大自然等）。这一形而下的涵义可以与形而上的理想状态相统一，古代中国人常常用形而下的实体自然物象（如山、水、花、鸟、草木等）来象征人的自然（自由）的心境，而且，实体的自然还隐含着"家园意识"，人与自然万物不可分割。自然是人类的家园，所以，人与自然万物构成了一种本真的"在家"状态。因此，对自然万物的喜爱与赞美根源于对天地自然的家园式的情感依恋；这种依恋家园、心安"在家"的状态，当然也是最本然、最自然的理想状态。

作为艺术的理想和批评标准的"自然"，主要表现为对人为造作、刻意雕琢的排除，强调平淡、素朴、浑然天成的审美风格。这一点历代的艺术家与理论家都曾言及。宗白华曾引用《易经》贲卦来说明中国古代艺术所追求的平淡自然之美，反对情感的过度和技巧的逞强。《周易》贲卦上九爻辞云"白贲，无咎"包含了两种美的对立。贲者，饰也。"贲本来是斑纹华采，绚烂的美。白贲，则是绚烂而复归于平淡。"宗先生指出，最高的美，乃是本色的美，即"白贲"。"贲象穷白"，是从绚烂复归于平淡的"极饰反素"，是可贵的素朴的返归于自然之原本。

音乐艺术亦然。宗白华用"华堂弦响"和"明月箫声"来形容中西音乐的不同。西方音乐讲究和弦重叠、对位呼应，旋律密实华丽。琴乐音淡声稀，气疏韵长，未有繁声促节，要用最少的音符来表现最丰富的意蕴。在中国传统文化中，儒家主张"大乐必易，大礼必简"（《乐记》）、"乐而不淫，哀而不伤"（《论语·八佾》）的易简、中和之品格；道家主张虚静、恬淡、无为，"大音希声，大象无形"（《老子·四十一章》），使得琴乐呈现出曲淡声稀的面貌。徐上瀛在《溪山琴况》中用"希夷"与"太和"二境概括了古琴音乐的至高境界。"要之，神闲气静，蔼然醉心，太和鼓鬯，心手自知，未可一二而为言也。太音希声，古道难复，不以性情中和相遇，而以为是技也，斯愈久而愈失其传矣。""古人以琴能涵养情性，为其有太和之气也，故名其声曰'希声'。""太和鼓鬯"，"鬯"与"畅"相通，内指人情生命的畅达，外指自然万物的繁茂。太和之气，即阴阳冲和交汇之气，太和之境是极为和谐的境界。叶朗先生指出，所谓"太和"（或"道"），即"个体生命的意义与永恒存在的意义合为一体，从而达到一种绝对的升华"。可见，琴之"希声"实乃"太和之气"的显现；琴境即是通过旋律上的清远疏淡希夷，达至个体生命与宇宙万物自然生命浑然一体的"太和之境"。

总体而言，古琴艺术以清微淡远、中和自然为尚，包含三个层次：

（一）古琴艺术疏淡平静，符合中和有度的乾坤易简之道

古琴音乐十分推崇清与淡，相关范畴如清和、淡和、疏淡等。在西洋音乐发展表现为音的繁复华丽组合时，中国的古琴返归于音乐之"寡"。这个"寡"表现为旋律的清淡和中和有节的情感表现，根源于《周易》的易简之道。《周易·系辞上》言："乾以易知，坤以简能。易则易知，简则易从。""易"，有简易之内涵，《周易》用阴、阳二卦的相生相克关系对世间的纷繁复杂做出简化处理。乾坤为天地阴阳之道，万物的化生繁衍都源自二气冲和，这是宇宙间最简易之道、最自然之理，无论为人为事还是为乐，都需遵从此易简之道。《乐记·乐论》讲"大乐必易，大礼必简。乐至则无怨，礼至则不争"，即是以天地阴阳和谐为法，作至易至简之礼乐，以合于自然之道的礼乐框定人伦秩序之道，达到使民无怨、不争的功效。阮籍《乐论》说："乾坤易简，故雅乐不烦；道德平淡，故五声无味。不烦则阴阳自通……此自然之道，乐之所始也。"乾坤简易，所以雅乐并不繁复；不繁复，阴阳就自然通畅。虽然音乐是内心情感的自然不伪的流露，但要使其合乎乾坤易简的自然之道，需"乐盈而反"（《乐记·乐化篇》）。"反"，有自我抑止之意，即将此充沛的情感予以节制，使其中和有度，不恣意放纵，并以返回清静平和的本然状态为理想。古琴艺术既强调人心的涵养、淡泊，也强调技法的适度与有候，如重而不虐、轻而不鄙、疾而不促、缓而不迟，人品与琴品的结合造成了古琴人静即声淡、淡则和至的审美效果，清淡琴音中蕴含着真诚宽厚的人生理想情怀。徐上瀛的《溪

山琴况》以"和"领起，其后首推"静"。审音之道，指躁则声厉，指浊则声粗，指静则声希。琴声的稀疏有味，出于指下功夫之沉静，如若下指急躁重浊，则出音猛厉粗糙。然而，"静由中出，声自心生……惟涵养之士，淡泊宁静，心无尘翳，指有余闲，与论希声之理，悠然可得矣"。静音实乃发自于内在心境之安宁平和，唯有雪躁气、释竞心、内心深沉清静者，方能做到指下扫尽炎嚣，琴音纯净无喧杂。

静与清相关。徐上瀛云："心不静则不清，气不肃则不清。"抚琴必须心静气肃，专注去尘。从不杂尘埃的水之性，到清浊对举的音之高低适耳，"清"这一范畴逐渐获得了情感和道德意蕴。荀子以"清"作为自然自在之天和人为之音乐间的共性，天清而纯粹，音乐也可以使人如天般清澈、无私无欲、涵容万物。《荀子·乐论》认为，音乐"其清明象天，其广大象地，其俯仰周旋有似于四时，故乐行而志清，礼修而行成"，西汉桓谭认为《舜操》之声"清以微"、《微子操》之声"清以淳"，嵇康《声无哀乐论》强调"不虚心静听则不尽清和之极"，都揭示乐音之清、境界之清与人心之清的统一。唐人常建《江上琴兴》诗云："江上调玉琴，一弦清一心。"古琴声响低微，韵味细腻，无论演奏还是听赏，都需清心静气以待之。而琴声的细润又足以入人性灵，使人妙合于天的澄明、旷远与涵容。丁承运指出，"清"既是艺术家力图表现的"天地宇宙本来精神的'乾坤清气'"，也是文人逸士"冲远高洁的胸襟"。艺术中清静旷远的境界，既来自文士去浊远秽的理想人格，又是此心无尘翳的理想生命形式的有力滋养。

徐上瀛以清泉、白石、皓月、疏风、林木、波涛、山谷等意象，描摹琴音与人心的冲淡之境。"琴之为音，孤高岑寂，不杂丝竹伴内。清泉白石，皓月疏风，翛翛自得。"琴音本淡，琴人需有同样淡泊的生命体验，抚琴时不着意于求淡，才可自然与古淡之妙相遇。
"山居深静，林木扶苏"，便是尘嚣尽扫、心无尘翳的至音真趣。
"吾爱此情，不求不竞。吾爱此味，如雪如冰。吾爱此响，松之风
而竹之雨，涧之滴而波之涛也。"冰雪，松风竹雨，涧滴波涛与颇
具遗世独立之致的深山邃谷，老木寒泉，风声簌簌一起成为雪躁气、
释竞心的不求不争之情的象征，不求不争即是老庄所言"恬淡""无
欲""无为"的"自然"（自由）状态。形而下的物是形而上的理
想状态的显现，以自然物象象征形而上的自由，则此物境将琴的自
由之境、审美之境直接呈现出来。

　　抚琴不可取悦于自我感官欲求，也不可刻意取悦于他人与时俗，
但求合真情于恬淡之中，如此以和雅的气度和真诚的心意抚琴，则
淡自臻、味自恬。徐上瀛所谓的"以性情中和相遇"，意即抚琴乃
发自贞正之心绪和适度之情感表现，使乐曲清淡、深邃、简约，如
此方能与天地自然之道相合。因此，琴乐易简之尚，正是以乾坤自
然之道、自然之理为依据的。

（二）古琴艺术悠远希夷，符合周行不殆的自然之道

　　走手音造成琴乐渐渐远逝，直至难以察觉，此可谓希夷之境。
老子视远去、消逝、复归为自然或道的"周行而不殆"的过程："吾
不知其名，字之曰道，强为之名曰大。大曰逝，逝曰远，远曰反。"
（《老子·二十五章》）一方面，阴阳二气的流转之道形成了万物
生命的节奏，这一节奏即"道"由远而返、由返而远，终而复始、
周行不殆的无所不至、无穷无止的过程。另一方面，"反"还有"复
命""归根"之意涵（《老子·十六章》）。音乐是宇宙秩序的象征，
琴乐的希声之境即合此自然之道。徐上瀛《溪山琴况》用三个阶段

来形容琴乐之"迟"即"希声"之境。"希声之始作":"从万籁俱寂中泠然音生,疏如寥廓,窅若太古,悠游弦上,节其气候,候至而下,以叶厥律",即抚琴开始前要庄重澄澈、气度舒缓、深思高远,音声自万籁俱静中自然而出。"寥廓",指宽广清明的天空。"希声之引伸":"或章句舒徐,或缓急相间,或断而复续,或幽而致远,因候制宜,调古声淡,渐入渊源,而心志悠然不已",乐曲渐渐舒展,或快慢相间,或似断实连,渐入深沉与渊远。"希声之寓境":"复探其迟之趣,乃若山静秋明,月高林表,松风远拂,石涧流寒,而日不知晡,夕不觉曙。"在往复低回、渐虚渐微的旋律中,琴乐趋向与自然大化冥合,由疏淡之"有声"而入希夷深远的"无声"之境,不仅返回到万籁俱静泠然音出的初始状态,或者说回归到"乐出虚"的音的本原状态,更重要的是,返回到人之自我深心的初始,促使心灵苏醒和复归。

需要指出的是,古代琴论多有以琴"修身理性,返其天真"之谓。天真,即原初美好的真心、湛然中足的本性。儒家将"真"归为道德心性之"诚",道家将"真"归为对天和自然的顺应。可见,无论儒道,真都有自然、自心、纯净无伪的含义。《乐记·乐本篇》有"反躬"和"反人道之正"的说法,"反躬",即返回到由自然之天所决定的善良的本性;"人道之正",也是中正无邪的天赋善性之意。在古人眼中,人的良善美好的本性是天赋的、自然的,但是这一美好的本性常被外在知识与欲望所遮蔽,所以要通过包括音乐在内的各种修为和恭敬平静的心灵涵养功夫,而达至本性的回归、本然状态的还原。《乐记·乐论》言"乐自中出",这个"中"可以看作是无私无偏、天然美好的本性。古代乐论强调对本性的回归,正是通过"中声""德音"的感化而使人自我修复,回复到天然、端正的状态。王昌龄有《琴》诗云："孤桐秘虚鸣，朴素传幽真。仿佛弦指外，遂见初古人。"《庄子·齐物论》中有"古之人"之说，与王昌龄之"初古人"一样，是自然真性完全之人，是朴拙的与自然造化同体之人，温和素朴的琴声仿佛能够让人回归远古的淳朴天真，返回湛然中足的原初本性。徐上瀛所说的"修其清净贞正，而藉琴以明心见性"，正有以琴之修为来滋养清净贞正的心性的意涵。

（三）古琴艺术心通造化，符合境入太和的审美超越之道

如果说疏淡平静的希夷之境主要体现为古琴艺术音乐形式上的审美特征，那么心通造化的太和之境则主要是说人通过鼓琴与听琴而获得的心境上的审美愉悦，将有限的听之以耳的弦上五声化为无限的会之以心的弦外之音。

嵇康《声无哀乐论》谓："播之以八音，感之以太和。"唐代道士司马承祯《素琴传》说："希声通于反听，太和冲于浩然。"徐上瀛《溪山琴况》云："古人以琴能涵养性情，为其有太和之气也。""太和"当来自《周易》"乾道变化，各正性命，保合太和，乃利贞"。《周易》强调天地生养万物是"阴阳合德而刚柔有体"，朱熹释"大和"为阴阳会和冲和之气。因此，所谓"太和"即构成自然万物的阴阳二气醇和、协调的理想状态。嵇康、司马承祯与徐上瀛意在通过气之醇和无分、冲和会合来指称音与手、琴与心、人与万物的圆融互通的和谐境界。琴的太和之境可以做两层次的意涵解读：一方面，技法的磨炼需功夫扎实稳固，音与意和、心与手和，圆融无碍，通畅自如，如冷谦在《琴声十六法》中说："神闲气逸，指与弦化，自得浑和无迹，吾是以知其太和。"更重要的是，抚琴或听琴最终要超越音声、超越自我，在空无妙有的无声境界中体悟

宇宙生命运行的大道，与万物融为一体，"见太和宇宙之盛美"，体悟万物"各正性命"的生命欢畅。古琴艺术通过疏淡之声而逐渐进入"得之弦外"的"希声"的深层境界，是对感官和五声的突破过程。抚琴的胜境，就在于超越音声，超越感官，从而与天地相合，与万物相通。作为古琴艺术审美极境的太和之境，可以说是情感体验的充实与哲学体验的静寂的统一。

首先看审美上的丰富与充实感。乐音的远去与消逝带来的并非思想的沉寂，而是体味万物生命活跃的充盈。它使人超越了感官束缚，超脱了名利负累，进入"游心于淡，合气于漠，顺物自然而无容私"（《庄子·应帝王》）的神游或静观状态。庄子之"游心"，即任顺自然本性，不参以私意，令自我处于清净淡然无为的状态，亦即"使精神丢弃偏失之挂碍，走向自然无为，是一种由遮蔽走向澄明的过程"。人在这种澄明与自由中体味着涵括了自然生机趣意与人生情境的弦外之意；渐逝渐远的琴音背后，孕育着情意的传达和"空故纳万境"的哲思。太和之境，与先秦时期"和而不同"的理念相关，其深意是万物生命的多样性。史伯的"和实生物，同则不继"的观念可以说是生命充实感的源头。宗白华曾说："中国山水画趋向简淡，然而简淡中包具无穷境界。"古琴艺术也是如此，无声希夷之妙境饱含着丰富幽深的生命朗境，让人知觉到无尽无穷的生命之动——从听觉的起伏到实际经历过的自然物象与心境——无论是山静秋明、月高林表、松风远拂、石涧流寒，还是天地风云、山川鸟兽、草木昆虫；无论是国之兴亡，还是身之祸福，既写之于琴，则呈现于心。古琴艺术内容丰富，表现力高超，天地自然、人情万物皆可入曲。表现心灵所领悟到的物态天趣，元代陈敏子《琴律发微·制曲通论》中说："且声在天地间，霄汉之籁，生岩谷之响，雷霆之迅烈，涛浪之舂撞，万窍之阴号，三春之和应，与夫物之飞潜动植，人之喜怒哀乐，凡所以发而为声者……琴皆有之。"琴曲中不仅有山水清音之摹写、山水理趣之沉思（如《高山流水》《潇湘水云》《山居吟》），有山水花鸟生灵盎然之天趣（如《梅花三弄》《平沙落雁》），更有人与四时流转之生命同构（如《阳关三叠》之春日送别，《南风》之夏日生意，《蒹葭》之秋日凄凄，《长清》之冬日清气）。琴人常有曲终而沉思，甚至只是对着一张琴凝望冥想的行为，仿佛有悠远无限的旋律淙淙流淌在脑际，与琴有关的过往时光一并浮现。这是一种在希夷空淡中返归于生机盎然的生命体验的充实感与愉悦感。

其次看哲学上的空灵与静寂感。宗白华先生说："伏羲画八卦，即是以最简单的线条结构表示宇宙万象的变化节奏。后来成为中国山水花鸟画的基本境界的老、庄思想及禅宗思想也不外于静观寂照中，求返于自己深心的心灵节奏，以体合宇宙内部的生命节奏。"古琴艺术引领着人们以心灵的律动去体味自然生命的最深的节奏起伏，以与万物的生命节奏相体合。明朱厚熴《风宣玄品·鼓琴训论》云："德不在手而在心，乐不在声而在道，兴不在音而在趣，可以感天地之和，可合神明之德。"琴为修心养德之道器，当此境不再局限于个体与自我，放下我执的僵持，虚静之心融涵着万物的生命自然，而是用音乐的心灵去领悟宇宙的脉动，随着琴音之缥缈远逝而契会大自然的生动与活泼，由此走向与万物融合、与天地合德。

美感有不同层次，从对生活中的具体事物的美感，到对整个人生的感受，再到对宇宙的无限整体和绝对美的感受的提升过程，正是对个体生命有限存在和有限意义的超越过程。古琴艺术的太和之境，即是以努力超越一曲一事一物一己为理想，而去体验和感知宇宙自然整体生命的律动，获得天人合一的意趣。人的个体生命是有限的，但是古代艺术家会努力"把个体生命投入宇宙的大生命

（'道''气''太和'）之中，从而超越个体生命存在的有限性和暂时性"[1]。陶潜张无弦琴，嵇康在归鸿与五弦间俯仰自得、游心太玄，宗炳抚琴动操，欲令众山皆响，无不是超越了乐曲与个体生命，从而获得了与深沉无限的自然宇宙体合为一的感受。老子讲"大音希声"，相对于五音之有声而言，"希声"即是寂寂无声，包括音响的间歇与消逝。"希声"，是对作为音乐艺术的载体"五音"的超越，如同文学中"不着一字、尽得风流"的对语言束缚的摆脱。庄子说："有成与亏，故昭氏之鼓琴也；无成与亏，故昭氏之不鼓琴也。"（《庄子·齐物论》）于道家而言，无声是成，有声乃亏，然而"五音不声，则大音无以至"，无为要通过有为来说明，无声之境仍需弦上五音来呈现。因此，徐上瀛实际上继承并诠释了王弼的思想，对"希声"之境的描述弥合了音乐形而上的无声之追求与形而下的有声之表现。进一步说，弦上五音当最终消融为无声，然而无声并非空无一物，而是蕴含着万物生命律动的无限境界。而这一过程的最终完成，则需依靠人之心灵的作用，心灵的自由的审美体验，使得人能够"执五声而悟大音"，通过琴乐的出有入无而自然达至与天地万物同和的无限愉悦。

在讲中国的绘画艺术时，宗白华指出："它所启示的境界是静的，因为顺着自然的发展运行的宇宙是虽动而静的，与自然精神合一的人生也是虽动而静的。它所描写的对象，山川、人物、花鸟、虫鱼，都充满着生命的动——气韵生动。但因为自然是顺法则的（老、庄所谓道），画家是默契自然的，所以画幅中潜存着一层深深的静寂。"[2]这种深深的静寂感与宗先生发现的律历哲学密切相关。按律历哲学

---

[1] 叶朗：《现代美学体系》，北京大学出版社 1999 年版，第 212 页。
[2] 宗白华：《美学散步》，上海人民出版社 2000 年版，第 147 页。

为我们描述的宇宙框架，自然宇宙运行的大道具有音乐般的节律，自然之道，就是无首无尾的至乐，就是顺而不夺、满溢于天地之间的自然律吕。从这个意义上讲，中国人的生活早已融化在这音乐般的节奏里。《庄子·天运》说："四时迭起，万物循生；一盛一衰，文武伦经；一清一浊，阴阳调和，流光其声。""夫至乐者，先应之以人事，顺之以天理，行之以五德，应之以自然，然后调理四时，太和万物。"在汪裕雄先生看来，庄子意在指明宇宙间阴阳二气饱和消长，生成万事万物；先王当顺此天道，谐和二气，使得四时轮转有序，生命绵延不尽，使万物在和谐的节律秩序中舒展生命。阴阳相生的生命节奏充溢于天地之间，形成一首万物太和、流光其声的至真至淳的宇宙乐章，天地人都被纳入音乐的范畴。同时，宇宙的秩序定律与人的生命与心灵律动不相违背，同为一体。与以外在于人之生命的"数"的和谐作为缘由的古代希腊的"诸天音乐"或"宇宙和谐"不同，中国古代音乐的节奏、宇宙的秩序、心灵的律动是"同型同态"的关系。前者更注重体现宇宙和谐的自然界的音乐与由震动物体的数量关系造成的"人类音乐艺术"在审美效果上的整合，而后者更注重情感体验与人生关怀的价值，生命的节奏如音乐般在天地间流动，无所不在，无所不往。古琴艺术使人心通造化，在上下四方的空间与时间中与自然律动合二为一。弦上五音妙合，乃是天地至乐的显现；它引领人们以澄明淡然的自由之心体验天地万物的自然节奏，人得以与天地同游，获得与天地节律的同一感，从而获得深深的静寂。

第三章

《诗经》的美学解读：风以动之，教以化之

——先民的生命之歌

当前，生态存在论审美观的研究已经深入到对具体美学内涵的探讨阶段。这种探讨的重要途径之一，就是从生态存在论审美观的视角对某些经典作品进行审美解读，从中探索出某些规律性的东西。对我国古代著名诗歌总集《诗经》的生态审美观的解读，就是这种尝试之一。

一、"天人合一"之"情志"

《诗经》产生于西周初年至春秋中叶，也就是公元前 11 世纪至前 5 世纪的 500 多年中，其时正是我国古代"天人合一"生态存在论哲学思想逐步形成之时。这一时期出现的一些重要的文学、思想文献，与当时的宗教信仰、神话传说、生活传统、生产方式、人与自然环境的关系等保持着非常紧密的联系。《周易》也大体产生并完成于这个时期，或者更早一些。我国的先民在"神人以和"的古代思想文化氛围中，以农耕为主要方式，栖息繁衍在华夏大地之上。他们在极为落后的生产条件下开垦土地，收获庄稼，繁衍后代，抵御外敌。同时，也在祭祀礼仪与乐舞歌诗紧密结合的状态下，祈福上天，纪念先祖，歌颂丰收，抒发情感。《诗经》就是在这种条件下产生的，它是我国先民的原生态性的作品，是他们本真的生活形态的真实表现，是独具特色的中华古代艺术的发源地。它的极为可贵之处就在于其原始性，即基本上没有受到后来的儒家等思想的浸染，还保持了中华古代艺术对"天人合一"的诉求和"中和美"的独有风貌。事实证明，《诗经》产生于前儒学时代，是我国先民的生命之歌、生存之歌。

当然，后世对《诗经》的解释不免有基于不同思想的曲解，特别是在其成为儒家经典之后，很多古代生态存在论美学内涵被有意无意地遮蔽了。孔子论《诗经》，比较全面而且不乏深刻地揭示了它的性质及在中国文化传统中的地位、意义。如，"兴于诗，立于礼，成于乐"（《论语·泰伯》），结合礼乐教化传统论述了诗歌的美育作用；如，"诗可以兴，可以观，可以群，可以怨""多识乎鸟兽草木之名"（《论语·阳货》）等，以审美感动为中心论述了诗歌的社会作用；再如，"《关雎》乐而不淫，哀而不伤"（《论语·八佾》）等，揭示了诗歌的"中和"之美等。但孔子之论《诗》，有很多基于儒家思想、封建礼教的理解，如，"《诗》三百，一言以蔽之，曰：思无邪"（《论语·为政》），有以儒家道德意识强解《诗》之嫌；如，"放郑声，远佞人。郑声淫，佞人殆"（《论语·卫灵公》），"恶紫之夺朱也，恶郑声之夺雅乐也，恶利口之覆邦家者"（《论语·阳货》）等等，提倡"正声""雅乐"而否定"郑声"等的价值；再如，"诵《诗》三百，授之以政，不达；使于四方，不能专对。虽多，亦奚以为？"（《论语·子路》），"迩之事父，远之事君"（《论语·阳货》）等，有过分强调诗歌之政治伦理作用之倾向。汉代的《毛诗大序》，以及后世儒家经学对《诗经》的研究，大体上是沿着孔子的"思无邪""放郑声""乐而不淫，哀而不伤"等思路展开的。如《毛诗大序》的"《关雎》，后妃之德也""先王以是经夫妇，成孝敬，厚人伦，美教化，移风俗"等，莫不如此。传统的《诗经》研究，当然是有价值的，但既没有穷尽《诗经》的意蕴，也没有揭示《诗经》的核心内涵。

那么，《诗经》的核心内涵到底是什么？我们又为什么说《诗经》之中包含着生态存在论审美思想之内容呢？我们认为，将《诗经》的核心内涵归结为"诗言志"，应该是没有问题的。《尚书·尧典》载："帝曰：'夔！命女典乐，教胄子。直而温，宽而栗，刚而无虐，简而无傲。诗言志，歌永言，声依永，律和声，八音克谐，无相夺伦，神人以和。'夔曰：'於！予击石拊石，百兽率舞。'"这一段话较为全面地记载了我国先民艺术创作的实际情况。第一，当时的艺术是乐、舞、诗的统一；第二，艺术的追求是"律和声""八音克谐，无相夺伦"，最终达到"神人以和"；第三，艺术的核心内涵是"诗言志"。问题的关键是，"志"到底指什么？《毛诗序》说："诗者，志之所之也，在心为志，发言为诗。情动于中，而形于言。言之不足，故嗟叹之；嗟叹之不足，故永歌之；永歌之不足，不知手之舞之足之蹈之也。情发于声，声成文，谓之音。"可见，所谓"志"，主要是藏于内心之情。袁行霈等在《中国诗学通论》中经过详细考订后指出："在这些诠释与理解中，'志'的内涵就是'情''意'，也就是诗人内心的情感与意志。"[①]一定的思想意识是一定的社会存在的反映，那时人的"情志"是当时社会生活的反映。我国是农业社会，我们的先民是以农耕为主的民族，对于土地、自然与气候有着极大的依赖性。因此，对于天地自然的尊崇与亲和，就是我们先民之"情志"的重要内容。正是在这种农耕社会的背景下，我们的先民发展出自己特有的"天人合一"的观念。《周易·说卦》曰："昔者圣人之作《易》也，将以顺性命之理。是以立天之道曰阴与阳，立地之道曰柔与刚，立人之道曰仁与义。"

---

① 袁行霈、孟二冬、丁放：《中国诗学通论》，安徽教育出版社1994年版，第19页。

《周易·文言》曰："夫大人者，与天地合其德，与日月合其明，与四时合其序，与鬼神合其吉凶。先天而天弗违，后天而奉天时。"《周易》的思想是具有广博内涵的"天人合一"之观念的集中体现，包含阴阳、柔刚与仁义之道，并力倡一种合乎天地之德、日月之明与四时之序的古典"生态人文精神"。这也是当时人的"情志"的必然内涵。中国原始艺术是一种起源于祭祀活动的礼、乐、舞与诗等统一的艺术形态，其根本指归是"与天地同和"的追求。诚如《礼记·乐记》所说："大乐与天地同和，大礼与天地同节。和故百物不失，节故祀天祭地。明则有礼乐，幽则有鬼神。如此，则四海之内，合敬同爱矣。礼者，殊事合敬者也；乐者，异文合爱者也。礼乐之情同，故明王以相沿也。"可见，当时诗人之"情志"，是一种"大乐与天地同和"之"情志"。

综上所述，人与自然之亲和、人与天地合其德，"大乐与天地同和"等内容，即当时诗人之"情志"，就是一种"天人合一"的"中和"之美的论述。这些都可以说是包含着"与天地合其德"的古典生态人文精神的生态存在论审美思想。《诗经》之核心，就是对于这种"中和"之美的追求，是包含着生态内涵的古代存在论美学精神，是我国特有的古典形态的美学与艺术精神，迥异于西方古代的美学与艺术精神，是一种极为宏观的"天人合一"的美学精神。诚如《礼记·中庸》所说："中也者，天下之大本也；和也者，天下之达道也。致中和，天地位焉，万物育焉。"这就是说，"中和"乃天地万物发展演化的根本规律，关系到天地的运行与万物的繁育，即所谓"大本""达道"。这种"中和"之美在艺术上的最早的最集中的表现就是《诗经》，它是我国先民"情志"的艺术表现，是中华民族美学精神的凝聚。西方古代所倡导的"和谐"，则是一种以"理念"

或"数"为其本体的物质世界的对比与匀称。亚理斯多德认为，对美与艺术品的最重要的要求就是"整一性"，具体表现为人物行动与情节的"完整""秩序、匀称与明确"①等等，其美学观念即为"模仿说"，代表性的艺术即为雕塑、悲剧与史诗。特别是古希腊的雕塑，更以其"匀称、对称与和谐"而彪炳于世，表现出一种"高贵的单纯，静穆的伟大"。②《诗经》所表现的，则是一种与之不同的动态而宏观的"中和"之美。现举《卫风·河广》为例：

> 谁谓河广？一苇杭之。谁谓宋远？跂予望之。
>
> 谁谓河广？曾不容刀。谁谓宋远？曾不崇朝。

这是一首著名的思乡之诗。诗人为客居卫国的宋人，他面对横亘在前、将其与故乡隔开的滚滚黄河，思乡心切，发出"谁谓河广？一苇杭之""谁谓宋远？曾不崇朝"的呼喊。在诗人的艺术世界中，滚滚的黄河已经不是归乡的障碍，恨不能凭着一叶小小的芦苇就飞渡黄河，而且更要跨越黄河立即赶到宋国的家中与亲人团聚。这样的急于归乡之情表现得是多么突出啊！"归乡"自古以来就是中西俱有的文学"母题"，具有浓郁的生态存在论美学意蕴，但《卫风·河广》却通过特有的以自然为友的方式加以处理。诗人通过艺术想象力，将作为自然物的一片苇叶想象为能够帮助游子渡过滔滔黄河的小船。在游子急切归乡的心情下，这样的艺术处理似乎还嫌不够，而又在想象力的作用下把宽广的黄河突然缩窄，似乎踮起脚就能看到家乡，很快就能赶回家中与亲人团聚。这时，不仅苇叶，乃至滔滔的黄河都成为游子的朋友，

---

① (古希腊) 亚理斯多德：《诗学》，罗念生译，人民文学出版社1982年版，第26页。
② (德) 莱辛：《拉奥孔》，朱光潜译，人民文学出版社1979年版，第215页。

帮助游子实现自己"归乡"的心愿。这就是一种特有的以自然为友的艺术"情志",迥异于古希腊《荷马史诗》中的描写希腊战士胜利后乘船渡海返乡时的情态。荷马史诗《奥德修斯》说的是希腊英雄奥德修斯在特洛伊战争结束后返乡的故事。它以隐喻的方式表现了人与自然的斗争,描写了奥德修斯战胜海神波塞冬及其所幻化出的巨人、仙女、风神、水妖等自然力量的过程,最后才得以顺利返乡。这是一幅人与自然斗争的画面,是人类战胜自然的颂歌,完全不同于《诗经·河广》的审美内涵。

二、从"诗体"到"诗意"的生态存在论审美意味

我们品味《诗经》,从生态存在论审美观的视角去解读,就会发现其中包含着极为丰富的内容。这里需要再次加以说明的是,我们所说的生态存在论审美观是一种包含生态维度的存在论美学思想,远远超出单纯的人与自然的审美关系,最后落脚于人的美好生存与诗意栖居。

(一)包含生态人文内涵的"风体诗"

《毛诗序》指出:"故诗有六义焉:一曰风,二曰赋,三曰比,四曰兴,五曰雅,六曰颂。"唐孔颖达在《毛诗正义》中指出:"风、雅、颂者,诗篇之异体;赋、比、兴者,诗文之异辞耳。大小不同,

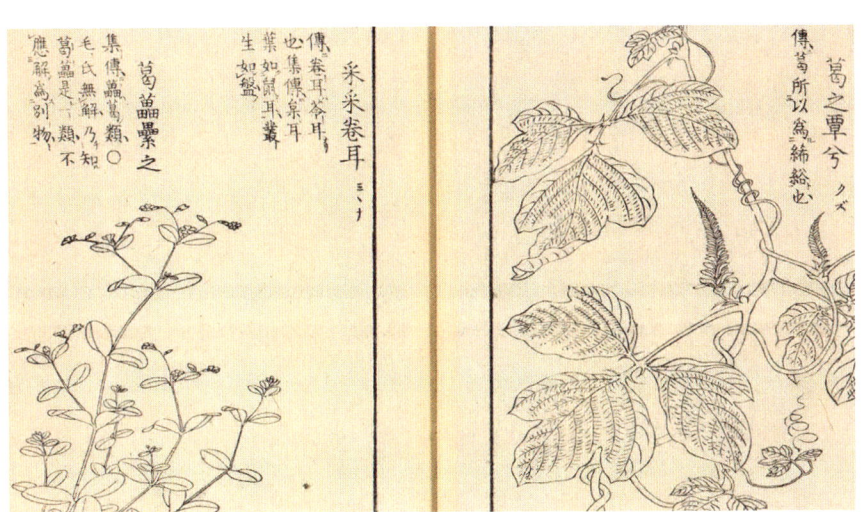

毛诗品物图考

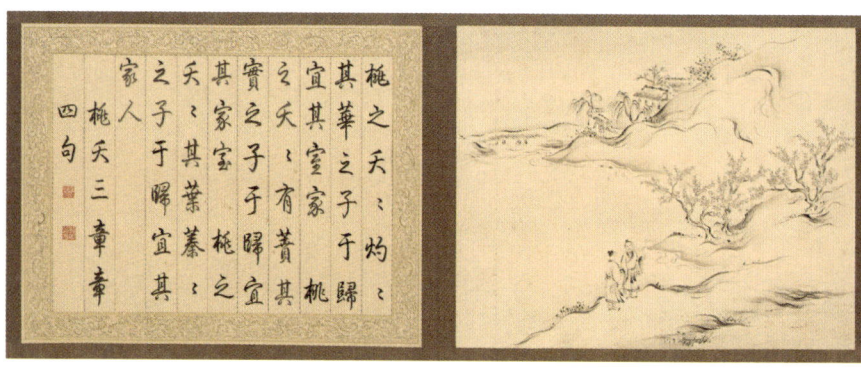

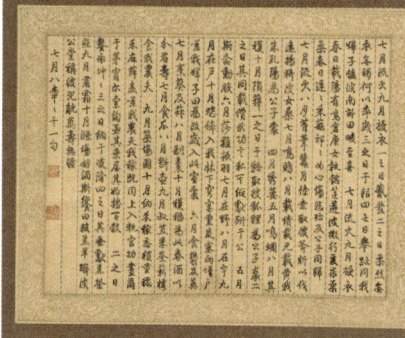

毛诗品物图考

而得并为六义者，赋、比、兴是诗之所用，风、雅、颂是诗之成形。用彼三事，成此三事，是故同称为义。"①这一说法，为后世《诗经》研究者所沿用。我们认为，《诗经》"六义"，最重要的是风、比与兴。我们先来说"风"。"风"是《诗经》之中独具特色并包含生态人文内涵的"诗体"，不仅是中国文学宝库中的瑰宝，而且在世界文学之中也闪耀着异彩。"风体诗"是《诗经》的主要组成部分，《诗经》305 篇，《国风》160 篇，主要是 15 个诸侯国的地方民歌。《大雅》与《小雅》105 篇。高亨先生认为："雅是借为夏字，《小雅》《大雅》就是《小夏》《大夏》。因为西周王畿，周人也称为夏，所以《诗经》的编辑者用夏字来标西周王畿的诗。"②这样，我们也可以说《小雅》《大雅》也是"风"。因此，305 篇之中除了用于祭祀的庙堂之乐《颂》40 篇之外，"风体诗"即占了 265 篇，成为《诗经》的最主要部分。

那么，什么是"风"呢？《毛诗序》认为："风，风也，教也；风以动之，教以化之。"又说："上以风化下，下以风刺上。主文而谲谏，言之者无罪，闻之者足以戒，故曰风。"这主要从儒家"诗教"的角度来解释"风体诗"的政治教化的特点。由于可以据"风体诗"的"刺上"作用而观察到政情民意，于是统治者就建立了"采风"的制度。据说，周代保存着从上古就传下来的这种采诗的制度。《礼记·王制》记载："天子五年一巡守，岁二月，东巡守……命大师陈诗，以观民风。"这时已经有了乐官、太师"陈诗"这样的制度。《汉书·食货志》记载："孟春之月，群居者将散，行人振木铎徇于路，以采诗，献于太师，比其音律，以闻于天子。"东汉何休注《春秋公羊传·宣公十五年》曰："男女有所怨恨，相从而歌。

---

① 《十三经注疏》整理委员会整理：《毛诗正义》，北京大学出版社 2000 年版，第 14-15 页。
② 高亨：《诗经今注》，上海古籍出版社 1980 年版，第 4 页。

饥者歌其食，劳者歌其事。男年六十，女年五十无子者，官衣食之，使之民间求诗。乡移于邑，邑移于国，国以闻于天子。故王者不出牖户，尽知天下所苦。"[1] 高亨先生从乐与自然之风相似，及其反映风俗的角度来阐释"风"之内涵。他说，"风本是乐曲的通名"，"乐曲为什么叫做风呢？主要原因是风的声音有高低、大小、清浊、曲直种种的不同，乐曲的音调也有高低、大小、清浊、曲直种种的不同。乐曲有似于风，所以古人称乐为风。同时乐曲的内容和形式，一般是风俗的反映，所以乐曲称风与风俗的风也是有联系的。由此看来，所谓国风就是各国的乐曲"[2]。我国古代还从"合天地之德"的文化观念出发，认为"乐"可与天地相合。《礼记·乐记》篇指出，奏乐"奋至德之光，动四气之和，以著万物之理。是故清明象天，广大象地，终始象四时，周还象风雨。五色成文而不乱，八风从律而不奸，百度得数而有常"。这就阐述了乐曲犹如来自八个方向的自然之风，有其自身的节律。《说文解字》从字的构成的角度解释"风"之内涵，"风，从虫凡声"，"风动虫生，故虫八日而化"。这可以证明，将乐曲命名为"风"，正取其反映生命活动的最原初之意义，已经包含古典生态人文主义之内涵。中国古代"天人合一"思想之最经典表述，就是《周易》的"生生之谓易"，阴阳二气交感畅通，化生天地万物。阴阳是生命的根本，而风则为阴阳相感、冲气以为和所产生，是催生万物生命之动力。风动而虫生，有风才有生命。因而，最原初的艺术之风与自然之风一样，是人的生命的本真状态的表征。"风体诗"就是这种类似于自然之风的最原初的艺术之风，是一种原生态的生命的律动，映现了人的最本真的生存状态。"风体诗"的内容，主要是表现人的生命的最基本的需要及其状态。所

---

① 《十三经注疏》整理委员会整理：《春秋公羊传注疏》，北京大学出版社 2000 年版，第 418 页。
② 高亨：《诗经今注》，上海古籍出版社 1980 年版，第 4 页。

谓"食色，性也"（《孟子·告子上》），饮食男女，劳动与生存繁衍，是生命存在的最基本状况。这种对人的最本真需要与状况的艺术表现，正是对于人的生态本性的一种回归，是《诗经》"风体诗"的价值之所在。

　　《诗经》对于人的最本真的生态本性的表现是非常丰富多彩的，我们只能举其要者而言之。《小雅·苕之华》就是"饥者歌其食"的著名篇章。让我们看看诗歌的具体描写：

> 苕之华，芸其黄矣！心之忧矣，维其伤矣！
> 苕之华，其叶青青。知我如此，不如无生！
> 牂羊坟首，三星在罶。人可以食，鲜可以饱！

这是一位饥民对周朝因连年征战所引起的灾年的深刻描写，特别是对于空前的饥馑进行了深入而形象的表现。诗作先以一片片黄色的紫葳花在夏季的盛开起兴，反喻饥饿中人心的忧伤；继而又说早知在饥馑中如此煎熬，还不如不要降生；最后通过羊之体瘦头大、鱼篓空空而只照得见星光，说明已无可食之物，即便勉强有点东西吃，也很少有能吃饱的时候。这首诗以生动的形象有力表现了周代大饥荒中人的生存状态。尤其是"知我如此，不如无生""人可以食，鲜可以饱"的诗句，更是处于极端困境中的人们发自心底的求生的呼声，是生命尊严的最基本的要求。如果人连紫葳花都不如，整天饿肚子，人的生命还有什么价值呢？著名的《魏风·伐檀》则是典型的"劳者歌其事"的篇章。诗云：

> 坎坎伐檀兮，置之河之干兮，河水清且涟猗。不稼不穑，

> 胡取禾三百廛兮？不狩不猎，胡瞻尔庭有县貆兮？彼君子
> 兮，不素餐兮！

伐木者在清清的河岸从事着繁重的难以承受的体力劳动，更重的压力是来自"君子"的残酷剥削，他们从不劳动，却能获得三百捆禾，家里的庭院里总是挂满了猎物。这到底是为什么呢？他们怎么能不耕种不狩猎而白白占有呢？这是劳动者对劳动产品被无情剥夺的抗争，是对人的生存权的维护！当劳动者们在无情的压榨下无法生存的时候，《魏风·硕鼠》发出了向往"乐土"的呐喊！

> 硕鼠，硕鼠，无食我黍！三岁贯女，莫我肯顾。逝将
> 去女，适彼乐土。乐土，乐土，爰得我所。

劳动者们已经无法忍受"硕鼠"们无情无义的残酷盘剥，毅然决然地选择逃亡之路，寻找自己的所谓"乐土"。当人们选择逃亡的时候，证明他们的最基本的生存权都难得保障了！但属于劳动者们的"乐土"在哪里呢？在剥削社会中，劳动人民的生存权和爱情权同样面临着时时被剥夺的危险。《诗经》保留的许多"弃妇之诗""离妇之诗""离人之诗"，为我们深刻刻画了此时战争频仍、礼坏乐崩、剥削加剧、民不聊生、家庭不稳等社会生态平衡惨遭破坏的严酷情形。这股强劲的艺术之风已经远远超出了儒家"诗教"的"风以动之，教以化之"的范围，触及当时社会最底层人民严重恶化的生存状态，更进一步触及社会生态的严重失衡。这就是《诗经》所独创的"风体诗"的特有价值。

（二）反映初民本真爱情的"桑间濮上"诗

《诗经》之"风体诗"不仅表现了广大底层人民为其生存权而抗争的呐喊，而且表现了人民极为本真的爱情追求。这就是著名的"桑间濮上"之诗，也就是长期以来被封建文人所批判的"淫诗"。实际上，爱情是人的本性的表现，是艺术永恒的母题。特别是在3000多年前的人类早期，爱情与原始先民的繁衍生殖密切相关，甚至与原始的宗教活动相关，更反映了人的某种生态性。众所周知，繁衍生殖是人之本性，在早期初民阶段，繁衍关系到宗族与部落的存亡，因而在人类神秘的崇拜文化中有充分表现。当时，《周易》已将宇宙万物的创生归结为"阴阳相生"，在这种文化观念之中，阴阳感应，万物化生，与人的结合、成长具有了内在的一致性。当时的异性交往有较大的自由度，甚至有节日习俗为男女相识、交往提供机会。据《周礼·地官司徒·媒氏》载："中春之月，令会男女。于是时也，奔者不禁。"古人认为，桑树茂密成林，可以养蚕，给人类带来福祉，并与繁衍相连，因而，桑林在古人心目中具有某种神秘性与神圣性，人们在此祭祀，男女也在此欢会。文化人类学之"狂欢"理论对这种文化现象，也有结合生育崇拜的解释的。《诗经·鄘风·桑中》说：

> 爰采唐矣？沬之乡矣。云谁之思？美孟姜矣。期我乎桑中，要我乎上宫，送我乎淇之上矣。

以下两章反复咏唱。该诗生动描写了青年男女在桑林约会、欢聚、送别的爱恋情景。《毛诗序》认为该诗"刺奔"，的确是曲解。其实，该诗是对于与祭祀礼仪相关的男女野合欢会的表现，是一种人的本真爱情的描绘。郭沫若在《甲骨文字研究》中认为："桑中，即桑林所在之地。上宫，即祀桑林之祠。士女于此合欢。"又说："此乃古习，不能一概以淫风目之也。"①有学者认为，上古时期，人们祭奉农神与生殖之神，"以为人间的男女交合可以促进万物的繁殖，因此在许多祭奉农神的祭奠中都伴随有群婚性的男女欢会"，"《桑中》所描写的，正是此类风俗的孑遗"。《墨子·明鬼下》说："燕之有祖，当齐之社稷，宋之有桑林，楚之有云梦也，此男女之所属而观也。""《诗经·鄘风·桑中》所描写的男女幽会相恋的情形及《左传》成公二年称人私通或有孕为'有桑中之喜'，《吕氏春秋·顺民》和《帝王世纪》都说商汤灭夏夺得天下，天大旱，五年不收，'汤以身祷于桑林之社，雨乃大至'，凡此都说明桑林既是神圣的祭祀场所，也是人们野合尽欢之地。《礼记·乐记》：'桑间濮上之音，亡国之音。'亦是指祭祀场所的男女纵情逸乐歌舞。由于地点固定，久而久之，人们提起此地就想起那些欢快娱乐之事，并径直借用其地名（因常于栎林祭祀，栎由树名而兼指地名）表达那种美好的感受。"②《陈风·东门之枌》中主人公更是明确地邀请恋人在某个特定的良辰节时于"南方之原"进行欢会。诗曰：

> 穀旦于差，南方之原。不绩其麻，市也婆娑。

这里的"穀旦"，"是用来祭祀生殖神以乞求繁衍旺盛的祭祀狂欢日"，"同样，诗的地点'南方之原'也不是一个普通的场所"，"这也与祭祀仪式所要求的地点相关"。③男女恋人就在这样的特定祭

---

① 郭沫若：《甲骨文字研究》，《郭沫若全集·考古编》（第1册），科学出版社1982年版，第62页。
② 陈双新：《西周青铜乐器铭辞研究》，河北大学出版社2002年版，第178页。
③ 姜亮夫等：《先秦诗鉴赏辞典》，上海辞书出版社1998年版，第206页。

祀生殖神之日，到达特定的"南方之原"，载歌载舞，狂欢相会。《东门之枌》将先民们在如歌如舞如巫的神秘而神圣的情景之中所进行的具有本真形态的爱情活动表现无遗。

（三）建立在古典生态平等之上的"比兴"艺术表现手法

赋比兴为《诗经》之"三用"，即三种表现手法，其中比兴意义更大，充分反映了我国早在初民时代即已有较为成熟的文学艺术表现手法，一直影响到后世乃至现代。"诗言志"之"志"，主要就是通过"比兴"的艺术途径得以表现的。"比兴"也恰恰反映了中国古代包含在"天人合一"中的生态平等观念。"比"字，在《说文解字》中写作两人相依，释为："密也。二人为从，反从为比。"清段玉裁注《说文》，释为："比，密也……其本义谓相亲密也。余义：俌也，及也，次也，校也，例也，类也，频也，择善而从之也，阿党也。"又认为古文的"比"字"盖从二大也。二大者，二人也"。因此，所谓"比"，其本义即为二人亲密相处。《诗经》中所用之"比"，则以"比方于物"（《周礼·春官·大师》）为义。如，《周南·桃夭》：

> 桃之夭夭，灼灼其华。之子于归，宜其室家。

这是一首描写姑娘出嫁的诗，用三月盛开的鲜艳桃花比喻新嫁娘的美丽，同时祝福她建立美好的家庭。后两章分别以丰硕的果实与茂密的枝叶祝福新娘多子多福、家庭兴旺。该诗以桃花比喻美丽的女孩子，成为我国文学史上的著名比喻，影响到后世，如唐崔护的名诗："去年今日此门中，人面桃花相映红。人面不知何处去，桃花依旧笑春风。"这样绝妙的诗句即由此化出。更为重要的是,诗中将姑娘比喻为桃花,这是在两者亲密平等的意义上来作比的。"桃"在中国传统文化中素有福寿之义,直到现在,我们给老人祝寿时常常要敬献"寿桃"。因而,以桃花比喻,不仅取美丽之义,也有祝愿其家庭与个人长远的美好生存之义,可谓寓意深刻。这也就是该诗通过"比"的艺术手法所寄寓的"情志"。

"比"还与中国古典美学的"比德"说有关,"比德"就是将自然之物与人的美好道德相比。孔子在《论语·雍也》篇说:"知者乐水,仁者乐山。知者动,仁者静;知者乐,仁者寿。"《荀子·法行》篇明确提出"比德"概念,该篇借孔子之口指出:"夫玉者,君子比德焉。温润而泽,仁也;栗而理,知也;坚刚而不屈,义也;廉而不刿,行也;折而不桡,勇也;瑕适并见,情也;扣之,其声清扬而远闻,其止辍然,辞也。故虽有珉之雕雕,不若玉之章章。《诗》曰:'言念君子,温其如玉。'此之谓也。"这就将作为自然之物的玉的"温润而泽""栗而理"等比喻为人的"仁""知""义""行""勇""情""辞"等德行、情操、情貌。该文中所引的"言念君子,温其如玉",出自《诗经·秦风·小戎》。该诗写一位妇女思念其出征的丈夫,诗将温润之玉比喻其夫的美好性格,通过这样的比喻蕴含了深厚的爱情与亲情。此后,中国艺术广泛运用比兴、比德等手法。如国画将梅竹松比喻为"岁寒三友",是艺术领域中人与自然为友的又一表现。《诗经》开创的"比"之艺术方法影响深远,在"比兴""比德"等的艺术手法中,寄寓着中国文化基于"天人合一"的人与自然平等、友好的观念和"天人合德"之深意。

下面再看"兴"。汉人郑众说:"兴者,托事于物。""兴"

字，《说文解字》释为"起也"，字形像两人共举一物。段玉裁注《说文》，云："《广韵》曰：'盛也，举也，善也。'《周礼》'六诗'，曰比曰兴。兴者，托事于物。"《诗经》的"兴"，都是运用自然之物来兴起所写之人，通过这一艺术手法共同兴起一种深厚内涵，这就是诗歌艺术的意蕴所在。如《召南·摽有梅》：

> 摽有梅，其实七兮。求我庶士，迨其吉兮。

这是一首少女怀春之诗，以梅熟落地起兴逝水年华，少女青春短暂，因而求偶心切，希望年轻的小伙子不要犹豫，以致耽误良辰吉时。后两章反复咏唱，增"迨其今兮""迨其谓之"之句，要求年轻的小伙子不要错过今天，更不要羞于启齿。这样，就以"摽有梅"与"求我庶士"共同兴起少女怀春的急切之情，寄寓着婚偶当及时之深意，体现着人类早期重繁衍生殖的本真生存状态。"怀春之诗"以《摽有梅》一诗为开端，成为中国古代文学的重要"母题"。从中国古文字学的角度看，"比"与"兴"的字义，如"两人也"，"相亲密也""共举也"，不仅讲人与人的关系，而且讲人与物的关系。《诗经》的比兴的运用，大多是以自然物象比人，比人心，比人与人之间的关系，包含着运用艺术表现手法以自然为友，将自然物看作与人平等、无贵贱之分的朋友。这包含着一种古典形态的"主体间性"的美学思想，东方生态智慧之丰富由此可见一斑。

（四）对于"生于斯，养于斯"之家园之怀念的"怀归"诗

德国哲人海德格尔在分析人之生存状态时以"在世界之中"

进行界定。他对这个"在之中"解释道:"'在之中'不意味着现成的东西在空间上'一个在一个之中';就源始的意义而论,'之中'也根本不意味着上述方式的空间关系。'之中'〔'in'〕源自 innan-,居住,habitare,逗留。'an'〔'于'〕意味着:我已住下,我熟悉、我习惯、我照料;它有 colo 的如下含义:habito〔我居住〕和 diligo〔我照料〕。我们把这种含义上的'在之中'所属的存在者标识为我自己向来所是的那个存在者。而'bin'〔我是〕这个词又同'bei'〔缘乎〕联在一起,于是'我是'或'我在'复又等于说:我居住于世界,我把世界作为如此这般熟悉之所而依寓之、逗留之。"[1] 人之生存,本就有在"家园"之中的意思。"家园"一词,同生态学密切相关。从辞源学追溯,德语"生态学"(okologie)一词来自希腊语"oikos",原义是"人的居所、房子或家务"。因此,从生态学的角度看,所谓"人的居所"就是适宜于人与自然万物共生,并适宜于人之生存的"家园"。无论是物质的家园或者是精神的家园,都是人之美好生存的依托。因此,有关"家园"的文学主题成为自古以来文学的"母题"。《诗经》中就有着大量的与"家园"有关的诗篇。其时,社会处于急剧分化时期,由于战争的频繁与劳役的繁重,广大人民长期离开家园,甚至流离失所。因此,《诗经》中"怀归"之诗特别多,成为我国文学史上"怀归"思乡文学的源头。《小雅·四牡》即是非常著名的"怀归"诗。

> 四牡騑騑,周道倭迟。岂不怀归?王事靡盬,我心伤悲。

该诗的抒情主人公是为王事而长期在外辛苦奔波的离人,他骑着飞

---

[1] (德)海德格尔:《存在与时间》,陈嘉映、王庆节合译,三联书店1987年版,第67页。

快奔跑的马匹，在长长的无边无际的周道上奔波，却思家心切。马的疲劳，周道的漫长，与王事的无尽无休，衬托了离人的思乡之情，因而发出"岂不怀归"的内心呼喊。离人怀归的原因是什么呢？原来是"不遑将父""不遑将母"，也就是说，因为年迈的老父老母需要奉养而特别思归。因此，离人在急速行路之中看到翩翩飞翔的"孝鸟"雏而更加伤悲，真是有人不如鸟的感慨。主人公"怀归"的根本原因，也是该诗最重要的主旨，那就是"怀归"是为了奉养双亲。在《诗经》产生的年代，经济社会还非常落后，整个社会还依靠血亲关系来维持。所以，在那样的时代，"父慈子孝"成为最重要的道德准则，也是人类社会生态之链得以维系的重要原因，与这种"父慈子孝"相联系的"怀归"与"思乡"之情也成为叩动无数人心扉的共同情感。试看《小雅·采薇》所写雨雪中匆匆归乡的一位游子与离人的心情：

> 昔我往矣，杨柳依依。今我来思，雨雪霏霏。行道迟迟，
> 载渴载饥。我心伤悲，莫知我哀！

这位急于返乡的离人，忍受着道路的漫长艰苦，忍受着不断袭来的饥渴，更是忍受着记挂父母妻儿的悲哀，但回想起离家时的杨柳依依与现今回家时的雨雪纷飞，两相对照更是悲上加悲。"昔我往矣，杨柳依依。今我来思，雨雪霏霏"成为传唱千古的"怀归"诗之名句，其原因就在于诗句以鲜明生动的对比加重了离人的"怀归"之悲，从而给人以深深的感染。是的，无论我们每个人离家多远多长，家乡都是我们心中最隐秘处的永久的思念。这就是通常所说的"桑梓"之情。《小雅·小弁》写道：

> 维桑与梓，必恭敬止。靡瞻匪父，靡依匪母。

原来那遍栽桑树梓树之处就是父母生我养我并至今仍生活于此之地，是我们每一个人永远的怀念与向往。

（五）反映先民营造宜居环境的"筑室"之诗

与"怀归"诗相近的是《诗经》中保留的一些"筑室"之诗。这类诗歌多为颂诗，是用以歌颂周王带领部族开疆建都的功绩。诗歌在描写选址建都时，体现了先民们在当时"天人合一"观念指导下择地而居、营造宜居环境的古典生态人文主义思想。众所周知，我国古代对于房屋的建设是非常重视环境的选择与建筑的结构的，努力追求天人、乾坤、阴阳的协调统一。《周易》泰卦卦辞"泰，小往大来，吉，亨"，《象传》说："天地交而万物通也，上下交而其志同也。内阳而外阴，内健而外顺，内君子而外小人。君子道长，小人道消也。"从人居环境建筑来理解，这些文字提示我们，古人在筑室中要做到"泰"，就必须处理好天地、大小、阴阳、内外等各方面的关系，达到有利于家庭及其成员美好生存的目的。《大雅·绵》描写周王朝自汾迁岐定都渭河平原之事：

> 周原膴膴，堇荼如饴。爰始爰谋，爰契我龟。曰"止"曰"时"，"筑室于兹"。

这里写到，选择渭河平原的原因，是那里有肥沃的土地和丰富的物产，于是，经过占卜，获得吉兆之后，决定"筑室于兹"。《小

雅·斯干》从自然与人文等多个层面介绍了贵族宫室的适宜人居
住的优点：

> 秩秩斯干，幽幽南山。如竹苞矣，如松茂矣。兄及弟矣，
> 式相好矣，无相犹矣。

这里讲到了清清的流水，幽幽的南山，茂盛的竹林，也讲到了兄弟
亲人的和睦诚信相处。如此自然与人文相统一的环境，才是君子们
的好居所，所以"君子攸芋"。

（六）反映古代农业生产规律的"农事"之诗

我国是以农为本的文明古国，历来对农事非常重视，而所有的
农事活动都非常重视按自然生态规律办事。《礼记·月令》载，孟
春之月，"天子乃以元日祈谷于上帝。乃择元辰，天子亲载耒耜，
措之于参保介之御间，帅三公、九卿、诸侯、大夫躬耕帝籍。天子
三推，三公五推，卿、诸侯九推。反，执爵于大寝，三公、九卿、
诸侯、大夫皆御，命曰劳酒。是月也，天气下降，地气上腾，天地
和同，草木萌动。王命布农事，命田舍东郊，皆修封疆，审端径术，
善相丘陵、阪险、原隰土地所宜，五谷所殖，以教导民，必躬亲之。
田事既饬，先定准直，农乃不惑。"《礼记·月令》、《吕氏春秋》
的十二《纪》、《淮南子·时则》等记载，证明我国古代就有按照
天时以安排农事，遵循自然规则以狩猎的生态文化传统。《诗经》
中"农事"诗，就是在这一传统之下产生的，反映了当时的生产活
动和生态观念。《周颂·载芟》较为详细地描写了当时农业生产
从开垦、春耕、播种、田间管理、收获到祭祀上天与先祖等等过程。

诗中写道：

> 载芟载柞，其耕泽泽。千耦其耘，徂隰徂畛。

这是两千多人除草耕地的壮观情景，"匪今斯今，振古如兹"，自古以来就是这样劳作。《豳风·七月》是最为典型的农事诗。该诗极为细致地描写了当时农事活动的比较完整的过程，诸如耕地、采桑、纺纱、染布、缝衣、采药、摘果、种菜、打谷、修房、酿酒、修房与祭祀等活动，都必须遵循农时按月令进行。诗还在此基础上描写了当时的社会阶级关系，抒发了贫苦农民要给贵族公子缝衣、织裳，自己缺衣少食，妻女还有可能被霸占的痛苦。诗的首章写道：

> 七月流火，九月授衣。一之日觱发，二之日栗烈。无衣无褐，何以卒岁？三之日于耜，四之日举趾。同我妇子，馌彼南亩，田畯至喜。

我国古代以星象的位置来确定节气、月令与农时，夏历九月之时火星已经下坠，十一月寒风凛冽应该穿上冬衣，但穷苦的农人无衣无裤怎么过冬呢？一月开春应该修理耕地的农具，二月就应来到田头，老婆孩子随着送饭，田官看到大家忙活喜上眉头。以下依次写了每个季节需要进行的农事活动，提醒人们不违农时。正因为当时是农业立国，因此，我国古代先民对于土地有着特殊的眷恋之情，蕴含着《周易》坤卦卦辞"坤厚载物"所表示的对大地之养育功德的赞颂。《小雅·信南山》对于周代先民耕于斯养于斯的南山的良田进行了满怀深情的歌颂。诗写道：

> 信彼南山，维禹甸之。畇畇原隰，曾孙田之。我疆我理，南东其亩。

> 上天同云，雨雪雰雰。益之以霡霂，既优既渥，既沾既足，生我百谷。

可以说，这首诗充分表达了先民们对养育自己的南山下这片肥沃土地的深厚感情，歌颂了先祖大禹赐给如此沃土。这片土地广阔平整，雨水充沛，庄稼苗壮，是后辈栖息繁衍生存发展的良好家园。

（七）敬畏上天的"天保"之诗

《诗经》产生的时代为前现代之农业社会，生产力低下，科学极其不发达，人们在思想观念上有着浓厚的自然神灵崇拜，认为万物有灵，对自然极为敬畏，并将自己的命运寄托在上天的保佑之上。因此，《诗经》中有很多企求上天保佑的"天保"之诗。如，《小雅·天保》就是一位臣子为君王祈福，其中包含了企求上天保佑的重要成分。诗曰：

> 天保定尔，俾尔戬穀。罄无不宜，受天百禄。降尔遐福，维日不足。

> 天保定尔，以莫不兴。如山如阜，如冈如陵。如川之方至，以莫不增。

在这里，诗人明确表示只有在上天的保佑下国家才能安定稳固，君王才能享有福禄与太平，并且对于这种上天的降福进行了热情的歌颂,将其比作高如山巅、厚如丘陵。相反,如果违背天道,那就必然遭到惩罚。《小雅·雨无正》是"刺幽王"之作,是一位臣子对周幽王的倒行逆施进行的批评,幽王"不畏于天",因而天降灾难,造成国家混乱,民不聊生。诗曰:

> 如何昊天,辟言不信?如彼行迈,则靡所臻。凡百君子,
> 各敬尔身。胡不相畏,不畏于天?

面对人民的丧乱饥馑、周室的败落、大夫的离居、各种灾难的降临,诗人认为根本的原因是"辟言不信""不畏于天"。十分明显,诗人在这里表现的是一种人类早期的"天命观",带有时代的局限性与落后性。我们当然不能将人类的命运都寄托在"天命"之上,也不能一味地敬畏于天。但是,"天命"也可以理解为不以人的意志为转移的自然规律,那么,这段诗歌就提示我们,人类应该主动地依循这种规律生活,而且对作为人类母亲的大地与自然保持适度的敬畏。如果做到这一点,人类肯定会获得更加美好的生存。这也许就是《诗经》之中《天保》一类的诗篇所能给予我们的启示。

(八)秉天立国之"史诗"

很多民族都有自己的由神话、传说以及历史故事构成的史诗,如古代希腊的《荷马史诗》等。《诗经》之中也有一些具中华民族史诗性质的诗篇,如《大雅》中的《生民》《公刘》《绵》《皇矣》《文王》《大明》等。这些诗篇大都以歌颂周民族的开创者为其主旨,贯穿了一种"秉天立国"的观念,成为中华民族的精神根源之一。《生

民》是周人歌颂其民族始祖后稷，叙述其神奇经历以及在农业上的贡献的长诗。该诗首先叙述了后稷的神奇诞生：

> 厥初生民，时维姜嫄。生民如何？克禋克祀，以弗无子。
> 履帝武敏，歆，攸介攸止，载震载夙，载生载育，时维后稷。

这里讲的是后稷的神奇诞生。其母姜嫄踩到了"帝"的脚印因而孕育后稷，这几乎与《圣经》之中耶稣的诞生有些类似。凡是圣人都是上天之子，这正是后稷得以秉天立国的根本。后世许多学者积极考证"履帝武敏"的具体含义，试图搞清楚这是否暗示野合或者是与神尸交合而怀孕等等，其实是没有太大必要的。因为，这里讲的仅仅是一个民族始祖诞生的神话传说。其后叙述了后稷的三次被弃，三次被救，这与很多民族祖先的神奇经历是一致的。再后，叙述了后稷带领华夏儿女从事农业种植，这是在上天的帮助下进行的：

> 诞降嘉种，维秬维秠，维糜维芑。恒之秬秠，是获是亩。
> 恒之糜芑，是任是负，以归肇祀。

诗的内容是说，上天赐予良种，而且赐予了丰收，因此，丰收之后应该祭祀上天与祖先。下面接着的两篇是《公刘》与《绵》。前者主要描写后稷的子孙公刘如何由邰迁都到豳，开创基业。如，公刘的选址建都：

> 笃公刘，逝彼百泉，瞻彼溥原。乃陟南冈，乃觏于京。
> 京师之野，于时处处，于时庐旅。于时言言，于时语语。

诗里说，憨厚的公刘在有泉、有原、有冈这样美好的豳地建立都城。这确是最好的有利于民族生存的选择，所谓"于时处处，于时庐旅"，因而，上上下下都欢声笑语，所谓"于时言言，于时语语"。《大雅·绵》描写周王朝十三世祖古公亶父带领本族人民定居渭水之原的故事，下面一段讲述有利于民族发展的沃土的选择：

> 古公亶父，来朝走马。率西水浒，至于岐下。爱及姜女，聿来胥宇。

诗写了古公亶父与新婚妻子清晨一起骑马在渭水之滨岐山脚下寻找并确定民族定居之地的情形，说明土地乃民族生存发展之本，正是滚滚的渭水与辽阔的平原养育了周民族的祖先。

（九）表现古代巫乐诗舞相统一的"乐诗"

在中国古代，巫乐诗舞是统一的，这种统一也是当时人们最重要的生存方式。巫术、宗教祭祀是当时人们最重要的生活内容，可以说贯穿了人从出生、成人、结婚、生产劳作、习俗节日等一切方面。先民正是在这种如歌、如舞、如诗的带有宗教性质的氛围中不断实现自己与上天相通的愿望的。《周易·系辞上》借用孔子的话指出："圣人立象以尽意，设卦以尽情伪，系辞焉以尽其言，变而通之以尽利，鼓之舞之以尽神。""鼓之""舞之"等，正是祭祀中的实际情况，是当时人与天、人与神沟通的主要方式。《诗经》保存了相当数量的这种如歌如舞的祭祀之诗。《小雅·楚茨》描写了祭祀祖先的歌乐，在详细叙写了祭前的准备后就写到祭祀中的乐舞：

> 礼仪既备，钟鼓既戒。孝孙徂位，工祝致告。神具醉止，
> 皇尸载起。鼓钟送尸，神保聿归。

这里写到，各种准备工作完成后，祭礼开始，钟鼓齐鸣，在音乐声中完成祭礼，然后再以音乐送走祭主。《周颂·执竞》描写的对先王的祭礼，也是在舞乐歌诗中进行的：

> 钟鼓喤喤，磬筦将将。降福穰穰，降福简简。

这里，描写了钟、鼓、磬与筦等四种乐器，在"喤喤""将将"的乐声中，祭祀活动热烈隆重，充分体现出颂诗之"美盛德之形容，以其成功告于神明"的景象。《小雅·鼓钟》具体叙写了雅乐的演奏情况：

> 鼓钟钦钦，鼓瑟鼓琴，笙磬同音。以雅以南，以籥不僭。

这里写到雅乐所用的鼓、钟、瑟、琴、笙、磬、籥等七种乐器，七乐齐鸣并伴之歌舞，和谐合拍美妙悦耳，其盛况可见一斑。这些都是祭祀所用的"庙堂之乐"，日常生活中则还有燕息之乐。《王风·君子阳阳》就具体描写贵族燕息时的音乐：

> 君子阳阳，左执簧，右招我由房。其乐只且！
> 君子陶陶，左执翿，右招我由敖。其乐只且！

这里描写了家庭燕息之乐，是一种舞乐齐备的场景，乐师边唱边舞

边奏，有的手持簧乐，有的手持翿这种舞具载歌载舞，其乐无穷。普通老百姓也有自己的乐舞生活，《陈风·宛丘》描写孟春之月纪念生殖神时在桑间濮上的祭祀歌舞与欢会，一位女性舞者在野外山坡之上翩翩起舞：

> 子之汤兮，宛丘之上兮。洵有情兮，而无望兮。
> 坎其击鼓，宛丘之下。无冬无夏，值其鹭羽。
> 坎其击缶，宛丘之道。无冬无夏，值其鹭翿。

这位在野外载歌载舞的漂亮女子到底是谁呢？一般认为是女巫，我们也可以猜度她或许也是"桑间濮上"被许多青年男子所爱慕的女子吧。

三、《诗经》作为"源始"的生态美学意蕴

综上所述，从生态存在论审美观的角度解读《诗经》，真的使我们感觉耳目一新、收获颇丰。从总的方面来说，《诗经》所表现的是一种"天人合一"之"情志"，是一种古典形态的生态人文主义。对它，我们可以从"诗体""诗意"与"诗法"等三个方面来理解。从"诗体"的角度看，《诗经》为我们提供了"风体诗"这种特有的以反映人的本真的生存状态为其内涵的原生态性的诗歌艺术，这

是一种巫乐舞诗相结合的古代艺术，是我国古代先民的基本生活方式；从"诗意"的角度来看，《诗经》几乎是全方位地描写了我国先民的生活，反映了他们的情感，特别是表现了普通人民与自然及人之本性密切相关的生活状况与欲望情感。大体包括情、家、食、劳、巫与乐等各个方面。所谓"情"，主要指天真烂漫本真的爱情，即所谓"桑间濮上"之诗；而"家"则指"家园"之情，归乡之诗、离人之诗、怨妇之诗、筑室之诗均属于这个范围；所谓"食"，则为"饥者歌其食"，主要指那些扣人心弦的饥者之歌；所谓"劳"，则指"劳者歌其事"，包括劳动之歌、抨击剥削者之歌等等；所谓"巫"，主要指描写祭祀活动之诗歌。当时祭祀是人们的主要生活内容，所谓"国之大事，在祀与戎"（《左传·成公十三年》），祭祀更是当时人们与天沟通的主要途径，因而，《诗经》中有许多描写祭祀活动的诗篇；所谓"乐"，其实与巫是紧密相连的，如果说巫主要指庙堂与贵族宫廷活动的话，那么，"乐"则是当时普通人民的基本生活方式，反映了当时普通人民的本真的生活状态。从"诗法"的角度看，《诗经》主要给我们提供了"比兴"这样的诗歌表现手法，而且是从人与自然平等的古典"主体间性"的角度来进行比兴，包含了与自然为友的精神，难能可贵，成为中国诗艺在人与自然平等交流中创造出诗情画意的经久不衰的优良传统。"比兴"之法直接影响到后世的"意境"之说，在人与对象、意与境的交融融合之中蕴含着诗之深情厚谊，即所谓"意在言外""境外之情"等等。

对于《诗经》的重新解读，给予我们许多启发，使我们进一步认识到，长期以来影响极广的实践美学，及其所强调的美是"人的本质力量的对象化"，以及"主体性"的理论只有部分的正确性，用这些理论是无法恰当地解释像《诗经》这样的古代文学经典的。

《诗经》并不完全是劳动之歌，更说不上是什么人的本质力量对象化的产物，它主要是从人的本性发出的原生态的歌唱。它也不是什么人类改造战胜自然的产品，更不完全是人的自我颂歌。它是人出于天性的生命之歌、生存之歌，是对于"天人合一"的期盼，甚至是对渺茫宇宙与上天的祈祷。它对天的歌颂远远超过了对于人的歌颂，根本不存在什么"人类中心主义"。因此，《诗经》是生命之歌，是对人与自然和谐的祈盼之歌，包含着极为丰富的生态存在论美学内涵。正是从这样的角度，我们认为，20 世纪中期海德格尔在东方哲学与美学，特别是中国道家思想启发下，其思想发生的由"人类中心"到生态整体的转变，所提出著名的"天地神人四方游戏"说等，意义十分重大。我们认为，既然海氏可以从东方获得启发从而实现对思想的突破，我们如欲对生态存在论审美观进一步加以深入阐释，继续从东方艺术中寻找灵感，应该是重要途径之一，本书对于《诗经》的研究就是这样一种积极的尝试。《诗经》产生的文化背景与道家思想大体相近，而其基本思想内涵也与道家"道法自然"之说相关。因此，《诗经》展现给我们的"风体诗"、"桑间濮上"诗、"怀归"诗、"比兴"手法等，都包含着极为浓郁的"天人合一"精神的具体的艺术与审美的经验，这些经验对当代生态存在论审美观的建设将给予非常重要的启示。

当然，《诗经》毕竟是创作于 3000 多年前的作品，当时我们的先民们还生活在前现代的极其落后的生活条件之下，思想也处于较为蒙昧的状况，笼罩着浓厚的神秘与迷信色彩，不可避免地要反映到《诗经》之中，渗透于它的艺术审美经验之中，因而不可避免地有很多局限性。但这并不能抹杀其重要价值，不能抹杀其在建设当代生态存在论审美观之中的重要思想资源作用。

第四章

唐诗的意境之美：盛唐气象，生命顿悟

——生生美学之典型呈现

中国到底有没有自己的诗学与美学，中国的诗学与美学应该如何书写？这是学术界一个有争议的问题。黑格尔曾言，在美的艺术方面，理想的艺术在中国是不可能兴盛的；鲍桑葵说，近代中国与日本等东方审美意识，"还没有上升到思辨理论的地步"①。在中国传统诗学与美学的书写方面，长期以来遵循着"以西释中"之路，以现实主义与浪漫主义的二元对立来阐释中国传统诗学与美学，从而走上误读与曲解之路。宗白华认为，中国诗学与美学不以纯理论的形式呈现，而是主要存在于具体的艺术与艺术理论之中。因此，本文试图从中国最重要的艺术成果——唐诗来解读中国传统诗学与美学。

众所周知，唐诗是中国文学艺术的高峰。它不仅包括极为丰富的诗歌作品，而且也包括与之有关的诗学成果，从而成为中国诗学与美学的高峰。中国传统"生生论诗学"发展到唐代，也达到高峰。在理论上，唐代"意境论诗学"的出现使得"生生论诗学"走向成熟；在艺术呈现上，唐诗以其豪放雄浑的时代艺术精神，以李杜为代表的一大批诗人的光耀宇宙的伟大作品而给予"生生论诗学"无比广阔的艺术空间。唐诗"气度恢弘，意境深远，文辞优美。这种繁荣景象，既是一个国力强盛的王朝给人以充分自信的必然结果，也是诗歌艺术发展历经变迁走向成熟的标志"②。要了解中国诗学特别是"生生论诗学"，必须走进唐诗。

①［英］鲍桑葵：《美学史》，张今译，商务印书馆1985年版，"前言"第2页。
②章培恒、骆玉明：《中国文学史》（上卷），复旦大学出版社2006年版，第441页。

一、"意境论诗学"的出现标志着 "生生论诗学"走向成熟

　　"生生论美学"与"生生论诗学"最早于 20 世纪由方东美提出。他论"生生"之德与审美的关系，将"生之理"列为中国哲学诸义之首，"故《易》重言之曰生生"。又说："一切艺术都是从体贴生命之伟大处得来。"[①]有鉴于此，我们于近期提出"生生美学"，认为"生生美学是一种天人相和的整体性与有机性文化行为"[②]。"生生论美学"与"生生论诗学"肇始于"天人合一"的文化传统，诞生于《周易》的"生生"之学，所谓"生生之谓易也"（《周易·系辞上》），"天地之大德曰生"（《周易·系辞下》）。《礼记·中庸》之"中和位育"使得"生生"之学与"生生论诗学"更加丰富，所谓"中也者，天下之大本也；和也者，天下之达道也。致中和，天地位焉，万物育焉"。通过《中庸》，"生生"之学特别是"生生论诗学"具有了天地之"大本""达道"的地位，以及使"天地位""万物育"的重要内涵。刘勰《文心雕龙》的出现，使得"生生论诗学"趋于确定。《文心雕龙·原道》之"人文之元，肇自太极；幽赞神明，易象惟先"表明，它的诗学与《周易》"生生"之学有渊源关系；《文心雕龙·隐秀》篇阐明了它的"生生论诗学"之实际内涵。《隐

[①] 方东美：《生生之美》，李溪编，北京大学出版社 2009 年版，第 47、108 页。
[②] 曾繁仁：《解读中国传统生生美学》，《光明日报》2018 年 1 月 7 日。

秀》篇云："故互体变爻，而化成四象；珠玉潜水，而澜表方圆。"这表明"隐秀"之美与《周易》之爻变成象的关系。《隐秀》的"隐也者，文外之重旨也；秀也者，篇中之独拔者也"，以及"情在词外曰隐，状溢目前曰秀"等，也阐述了"生生论诗学"的"文外之旨"与"词外之意"的不同凡响的内涵。这在后来"意境"论中得到新的发展与充实。

唐代诗歌高度发展，并达到极高水平，使之成为中国诗学、美学理论发展与总结的前提。而佛学在唐代的发展与禅宗的出现，也使得"生生论诗学"在唐代达到理论高峰，由此诞生了"意境"论，并逐步走向成熟。佛教的传入、发展与中国化，特别是禅宗的出现，是"意境"论产生的契机。但毋庸置疑，"意境"论是儒释道三教统一交融的成果。盛唐时，王昌龄首先提出"意境"概念。他的《诗格》提出了"三境"说："诗有三境：一曰物境。欲为山水诗，则张泉石云峰之境，极丽绝秀者，神之于心，处身于境，视境于心，莹然掌中，然后用思，了然境象，故得形似。二曰情境，娱乐愁怨，皆张于意，而处于身，然后驰思，深得其情。三曰意境，亦张之于意，而思之于心，则得其真矣。"此三境，一般认为分别指写景、抒情与写意之三种不同的诗境，但实质上是"三种趋向于真境旨归的程度分类"[1]。"三境"均指向"真境"，只是程度不同而已。王昌龄将"境"这个重要概念引入诗学，非常重要。"境"乃佛学概念，梵语为"visaya"，即指"主体作用于对象所形成的区域范围"[2]，是"禅定入静后所体验的心灵世界"[3]。"境"不是实体世界之"境域"，而是指超越于"境域"的"心灵世界"，

① 王振复：《中国美学范畴史》（第 2 卷），山西教育出版社 2006 年 2 月版，第 394 页。
② 王振复：《中国美学范畴史》（第 2 卷），山西教育出版社 2006 年 2 月版，第 390 页。
③ 王振复：《中国美学范畴史》（第 2 卷），山西教育出版社 2006 年 2 月版，第 395 页。

也就是"境外之境""文外之旨"与"词外之意"。一个"外"字，道出了"意境"之"境"的真义。王昌龄用一个"境"（真境）字揭示了"意境"论之真髓，并强调了"意"与"心"的作用，所谓"张之于意，而思之于心"。王昌龄《诗格》还提出"忘身"的重要问题，所谓"夫作文章，但多立意。令左穿右穴，苦心竭智，必须忘身，不可拘束"。这里的"忘身"，即禅宗之"禅定"与"顿悟"，也是道家之"坐忘"与"心斋"。中唐诗僧皎然《诗议》明确地提出"诗工创心"之论，所谓"夫诗工创心，以情为地，以兴为经，然后清音韵其风律，丽句增其文彩"。皎然还阐述了"取境"问题，丰富了"意境"论。其后，权德舆《送灵澈上人庐山回归沃州序》提出了"乘理以诣，因言而悟"的重要问题，将佛学之"悟"引入"意境"问题，基本完成了"意境"论的建构。"悟"乃佛学用语，此处指禅宗南宗之"顿悟"。《六祖坛经》有言："迷闻经累劫，悟则刹那间"。"顿悟"是一种"刹那间"的生命感悟。刘禹锡《秋日过鸿举法师寺院便送归江陵诗引》更加明确地提出"因定而得境，故翛然以清"。南宋严羽《沧浪诗话·诗辨》论学诗之道，提出"从顶颏上做来，谓之向上一路"的学诗路径，认为此路径"谓之直截根源，谓之顿门，谓之单刀直入也"。"顿门"即顿悟之门，严羽认为，只有"从顶颏上做来"，学习最优秀的作家作品，才能找到"顿悟"之门，即刹那间生命领悟或生命颤动。晚唐司空图《与李生论诗书》提出"辨于味而后可以言诗"，诗之"醇美"在"咸酸之外"，即"近而不浮，远而不尽"的"韵外之致""味外之旨"。其《与极浦书》提出"象外之象，景外之景"之说，标志着"意境论诗学"已经走向成熟。本文从司空图的总体诗学倾向出发，认同《二十四诗品》为司空图所作。《二十四诗品》虽然反映了司空图对于"澄淡"之美的偏爱，但总体上是以唐诗成就为基础，总结了"意境论诗学"也即"生生论诗学"的基本风格特点。因此，我们可以以《二十四诗品》为据认识和审视唐代特别是盛唐之"意境论诗学"的艺术呈现。严羽之《沧浪诗话》主要继承司空图诗学成就，总结唐诗特别是盛唐诗的巨大成就，提出"妙悟""兴趣""气象"等说，进一步丰富了"意境论诗学"。

　　司空图笃信道家思想，其诗歌创作以消极退隐的山水诗为代表，趋向自然澄淡的风格。那么，这是否意味着其"意境论诗学"偏于道家，风格上偏于山水诗之澄淡？学术界有人持这样一种看法，我认为，这样看是偏颇的。"意境论诗学"尽管成熟于晚唐之司空图，但它却是整个唐代甚至是整个中国诗学的成果，所谓"诚以廿四品者：诗家之总汇，诗道之筌蹄"①。它是儒释道统一之唐代文化乃至中国文化的反映。"意境论诗学"更不是只适应山水诗与澄淡的风格，而是适应于包含了整个唐代乃至整个中国的传统诗歌与艺术，特别是盛唐，又特别是李杜。对于"意境"的内涵，宗白华曾经简洁地将之概括为"气韵生动就是生命的节奏或有节奏的生命"。②有唐一代，诗歌格律发生重大变化，近体诗之绝句与律诗的产生，使得诗歌格律更加具有强烈的节奏，成为生命的咏唱。因节律产生的丰富的生命情感，成为唐诗的重要特点。刘禹锡《秋日过鸿举法师寺院便送归江陵引》说"词妙而深者，必依于声律"，说明声律成为意境之必要条件。钱钟书言道："唐诗多以丰神情韵擅长。"③方东美说："一切艺术都是从体贴生命之伟大处得来的，我认为这

---

① （清）孙联奎、杨廷芝：《二十四诗品臆说》，《司空图诗品解说两种》，孙昌熙、刘淦校点，山东人民出版社 1962 年版，第 5 页。
② 宗白华：《美从何处寻》，山东文艺出版社 2020 年版，第 208 页。
③ 钱钟书：《谈艺录》（补订本），中华书局 1984 年版，第 2 页。

是所有中国艺术的基本准则。"①我们可以将方东美此言看作对于"意境"的一种现代阐释。此处的"体贴",可以理解为"一种刹那间的生命体悟与震颤"。"意境就正是在自我否定了意与境后,刹那生命之间的瞬息照面。"②"意境论诗学"成为唐代诗歌理论最重要的成就,也是对唐诗的一种艺术的总结,光照此后的中国诗歌艺术历史,并惠及后代。它通过"思与境偕"(司空图《与王驾评诗书》)之主题,理论地阐明了中国传统美学无比含蓄的东方特点。"思与境偕"之"境"包含两个方面的内涵:首先,"境"乃心所面对之"实境"(或者是具体的世事);其次,"境"是心造的"虚境",乃"象外之象,景外之景",具有极为广阔的精神空间。这恰是中国传统诗学与美学的独特与伟大之处,彻底击破了黑格尔关于中国古代无美学的误读。这种在心之"妙悟"与"忘身"中产生的"象外之象,景外之景",在西方,直到20世纪初期现象学美学的产生,才有了通过现象学之"悬搁",主体在时间中通过阐释对于存在意义由遮蔽到澄明的逐步领悟。前现代之中国美学与后现代之西方美学在20世纪相遇了。

"意境论诗学"是"生生论诗学"的发展与丰富,也是其最高形态,具有重要的价值意义。它是中国文学之巅峰唐诗的艺术总结,充分彰显了唐诗巨大的主体创造性与丰富的艺术拓展性特点。"诗工创心",唐诗体现了一种主体的巨大创造性,唐代那个高度繁荣发展的时代,造就了一批具有巨大主体自由创造力的伟大诗人,唐诗就是他们的精神产品。

---

① 方东美:《生生之美》,李溪编,北京大学出版社 2009 年版,第 295 页。
② 王振复:《中国美学范畴史》(第 2 卷),山西教育出版社 2006 年 2 月版,第 395 页。

二、"盛唐气象"是"生生论诗学"的集中呈现

　　"盛唐气象"，即盛唐诗总体的"雄浑悲壮"之风貌，成为宋元明清各代评论盛唐诗之流行术语，也成为"意境论诗学"或"生生论诗学"集中的艺术体现。它首先由南宋严羽提出。严羽在《沧浪诗话·考证》中说："'迎旦东风骑蹇驴'绝句，绝非盛唐人气象，只似白乐天言语。"杜甫《画像题诗》之"迎旦东风骑蹇驴"，表现一种迟缓不前的状态，不似盛唐之高昂迅疾之姿态。严羽在《答出继叔临安吴景仙书》中对"盛唐气象"进行了阐释。他说："又谓：盛唐之诗，雄深雅健。仆谓此四字，但可评文，于诗则用'健'字不得。不若《诗辨》'雄浑悲壮'之语，为得诗之体也。"又说："盛唐诸公之诗，如颜鲁公书，既笔力雄壮，又气象浑厚。"严羽认为，"雄浑雅健"不适合评诗而只适合评文，这是因为"健"字表达一种清晰的分寸，而诗歌乃"唯在兴趣"，"不涉理路，不落言筌"，故而不适合评诗。严羽用"雄浑悲壮"概括"盛唐气象"之内涵，这是一种具有盛唐之时代特点的诗歌风貌。严羽《沧浪诗话·诗评》论诗歌的时代性问题，他说："大历以前，分明别是一副言语；晚唐，分明别是一副言语；本朝诸公，分明别是一副言语。如此见，方许具一只眼。""一副言语"，即指诗歌之时代特点。把握到这种时代性，就是"具一只眼"，即别具慧眼。显然，严羽认为，"雄

浑"是盛唐气象的最基本特征。"雄浑"在《二十四诗品》列于首位,其地位相当于《文心雕龙》之《原道》,是司空图对盛唐诗的总体风貌的概括。《雄浑》云:"大用外腓,真体内充。返虚入浑,积健为雄。具备万物,横绝太空。荒荒油云,寥寥长风。超以象外,得其环中。持之非强,来之无穷。""雄浑"是"真气"之巨大作用,也是道之强劲力量,是一种非外力之强迫,具有无穷无尽的内在力量。所谓"雄浑",显然主要是指"意境"创作中最主要因素即诗人主体所必须具备的基本要求,即内充"真气","返虚入浑,积健为雄"。司空图的《雄浑》塑造了一个具有高度代表性的盛唐时代诗人的形象,这个诗人好似得道之"真人",秉天地之真气,驾长风乘飞云,遨游于宇宙太空,对宇宙生命之瞬间刹那间感悟,犹如把握枢纽之环中,从而"超以象外",得"味外之旨""象外之象,景外之景"。这样的诗人与作品就是"盛唐气象"之体现。这里,既有道家的"真体内充","超以象外,得其环中",更有儒家引道入儒,将出世的道家思想引向入世的盛唐气象的创造。

严羽对"盛唐气象"之阐释,联系到"盛唐风骨"与"唐人尚意兴"等特点。他说:"顾况诗多在元白之上,稍有盛唐风骨处。""风骨"本为魏晋之时评品人物的用语,刘勰首先在《文心雕龙》之中将之用于文论。他在《风骨》篇中言道:"是以怊怅述情,必始乎风;沉吟铺辞,莫先于骨。故辞之待骨,如体之树骸;情之含风,犹形之包气。结言端直,则文骨成焉;意气骏爽,则文风清焉。""风骨"乃言文之正气健骨,生命力之强劲。如果说"魏晋风骨"还多有悲凉,那么"盛唐风骨"则更多豪壮之气概。严羽显然将"盛唐风骨"视为"盛唐气象"之必要组成部分,使正气健骨、生命强劲成为"盛唐气象"之义涵。严羽还提出"唐人尚意兴而理在其中",

"意兴"着重在"意"。王昌龄论"意境",即强调"张之于意,而思之于心";王维论画,也主张"凡画山水,意在笔先"。"意兴"之中,无疑"意"是最重要的,"意"左右了"兴"。"兴者,托事于物",陈之昂与李白论诗,均提出"兴寄"即"兴"之"意"寄托于具体的物象之上,更加突出了"兴"的作用。因此,"意兴"显然是"意"寄托于物,包含了更多的寄托之意,并凭借物象而产生"言外之意""味外之旨"。"风骨"与"意兴"成为"盛唐气象"的主要内涵,标志着强大的生命之力在物象之上的瞬间寄托与勃发。总之,"意境""气象""兴趣""意兴"与"妙悟"都是同格的,反映了艺术创造与欣赏的不同侧面。

"盛唐气象"之"风骨""意兴"几乎贯穿整个唐代始终,只是在盛唐得到更加集中的体现。初唐陈子昂的《登幽州台歌》:"前不见古人,后不见来者。念天地之悠悠,独怆然而涕下。"该诗写于公元697年,陈子昂仕途遇挫,登上古幽州台这个特定的历史场所。诗人站在这个特定的包含无限历史意蕴的高台之上,面对茫茫的北国大地,回想曾经盛极一时的历史人物,从空间与时间两个维度都感到一种空前的孤独之感,不免感时愤世。"念天地之悠悠,独怆然而涕下",成为亘古绝唱。本诗尽管是写境遇不顺之孤独,但充分体现了陈子昂对于"骨气端翔,音情顿挫,光英朗练,有金石声"(陈子昂《与东方左史虬〈修竹篇〉序》)的追求。该诗塑造了一个面对苍茫大地满怀悲怆之情的抒情主人公形象,虽然悲情满怀却胸怀宇宙历史,骨气耿直,不卑不亢,充满豪情地面对未来。由此,该诗被誉为"洪钟巨响",一扫齐梁绮靡之风,成为初唐之名诗。该诗短短的四句凸显了诗人在特定的时空被幽州台所触发的强烈的生命感怀——空前的孤独感,这就是刹那间的生命震颤,对于生命伟大处的瞬间感触!

　　盛唐诗人王湾的《次北固山下》云："客路青山外,行舟绿水前。潮平两岸阔,风正一帆悬。海日生残夜,江春入旧年。乡书何处达,归雁洛阳边。"明胡应麟称此诗"形容景物,妙绝千古"①。该诗大约写于开元元年即公元713年,王湾刚中进士,由吴地乘舟沿江北归洛阳,时在岁末拂晓之时。首联言旅途舟停青青的北固山外,前路为一片滔滔绿水,青绿均形容生命蓬勃的心情感受。第二联言江之景象,所谓潮平岸阔,风正帆悬,"潮平两岸阔,风正一帆悬"象征着盛世世道太平人心安定的境况。第三联"海日生残夜,江春入旧年",以"生"来形容一轮海日从残夜中生起,不是"升"而是"生",充分说明朝阳以无比的生命力量代替更换旧有的残夜,新的时代以巨大无比的蓬勃朝气代替旧的时代;同时,"入"字写江上的春天已经进入旧年,同样具有无比强大的生命力量,新的春意是一种主动的进取的无法阻挡的巨大力量。这一联广为传诵,殷璠《河岳英灵集》称"诗人以来,少有此句",并说当时名臣张说"手题政事堂,每示能文,令为楷式"②。王夫之称其"以小景传大景之神"③。末联表达轻轻的乡愁。总之,王湾此诗也是一种生命力的触发,不仅是"以小景传大景之神",而且是传时代之神,成为"盛唐气象"的典型代表。

　　李商隐身处晚唐黑暗政治之中,仕途坎坷,潦倒终身,中年早逝。他的诗大多揭露政治之黑暗,哀婉自身的怀才不遇,诗语凄切婉转,意境朦胧模糊,辞藻精丽华美。李商隐的诗歌表现了晚唐黑暗的时代与悲苦的人生,总体较为低沉。但他的诸多无题诗以凄婉的语言、

---

① (明) 胡应麟:《诗薮》,上海古籍出版社1958年版,第59页。

② (唐) 殷璠:《河岳英灵集注》,王克让集注,巴蜀书社2006年版,第346页。

③ (清) 王夫之:《姜斋诗话》,戴鸿森笺注,上海古籍出版社2012年版,第93页。

委婉的比喻，表现了美好的爱情与纯洁的友谊，给人以某种期望，闪耀出些许亮色。如，其《无题》："相见时难别亦难，东风无力百花残。春蚕到死丝方尽，蜡炬成灰泪始干。晓镜但愁云鬓改，夜吟应觉月光寒。蓬山此去无多路，青鸟殷勤为探看。"全诗写恋人别离与别后的痛苦思恋，最后是一种诗意的期望。最感人的句子"春蚕到死丝方尽，蜡炬成灰泪始干"，是坚守爱情的永恒的誓言。其他如"身无彩凤双飞翼，心有灵犀一点通""春心莫共花争发，一寸相思一寸灰"等，还有歌颂友谊的"何当共剪西窗烛，却话巴山夜雨时"等等，均说明李商隐在晚唐走向衰败的特定历史语境之中仍然保持着某种文人"风骨"，并创造出具有生命共鸣的诗歌名篇，永存诗史。

最后看晚唐诗人杜荀鹤的《自叙》："酒瓮琴书伴病身，熟谙时事乐于贫。宁为宇宙闲吟客，怕作乾坤窃禄人。诗旨未能忘救物，世情奈值不容真。平生肺腑无言处，白发吾唐一逸人。"杜荀鹤出身寒微，科第不顺，四十六岁才中进士，入仕为官，很多诗作反映了晚唐社会的黑暗与人民的疾苦。该诗是杜荀鹤自述人生态度，诗写自己穷愁病困，只能以酒瓮书琴相伴病身；但自己的节操还在，宁为宇宙间的闲客，也不愿做白拿俸禄不报效国家之人；自己虽从未忘诗人济世救民的宗旨，但奈何世情黑暗不能真正实现自己的愿望；肺腑之言无法倾诉，只能做一个满头白发的闲逸之人。该诗艺术水平不算高，基本上是直抒胸臆，但甘于清贫、恪守道德的风骨还在，关心人民疾苦的情感仍然存留心怀，表现了盛唐气象的余韵。陆侃如先生说："他的诗在技巧上也许不如杜牧，但在内容上却更富于积极的意义。他结束了唐诗三百年光荣的历史。"①

---

① 陆侃如、冯沅君：《中国诗史》，山东大学出版社 2009 年版，第 264 页。

三、飘逸与沉郁——唐代"生生论诗学"艺术表现的两种基本形态

　　盛唐是唐代诗歌光辉闪耀之时，以李白与杜甫为最重要的代表。李白之飘逸与杜甫之沉郁是盛唐诗歌最主要的特点，是"生生论诗学"两种基本形态，也是唐诗所表现的两种最基本的生命形态，成为"意境论诗学"的主要呈现。严羽《沧浪诗话·诗辨》言："诗之极致有一，曰入神。诗而入神，至矣，尽矣，蔑以加矣！惟李杜得之，他人得之盖寡也。"其《沧浪诗话·诗评》又言："子美不能为太白之飘逸，太白不能为子美之沉郁。"将李杜在唐诗中独占鳌头的地位，及其一为飘逸一为沉郁的特点均表述明白。

　　首先是李白之飘逸。严羽《沧浪诗话·诗评》言道："观太白诗者，要识真太白处。太白天才豪逸，语多卒然而成者。学者于每篇中，要识其安身立命处可也。"所谓"真太白处""安身立命处"，即"天才豪逸"。李白同时的安徽都督马公称"李白之文，清雄奔放，名章俊语，络绎间起，光明洞彻，句句动人"（李白《上安州裴长史书》），李白《经乱离后天恩流夜郎忆旧游书怀赠江夏韦太守良宰》赞扬韦良宰的"荆山作"为"清水出芙蓉，天然去雕饰"。这两段赞语，无疑更适合揭示李白诗"天才豪逸"、清新自然的风格，与《二十四诗品》之"飘逸"颇多相近之处。《飘逸》云："落落欲往，矫矫不群。缑山之鹤，华顶之云。高人惠中，令色绸缪。御风蓬叶，

泛彼无垠。如不可执，如将有闻。识者期之，欲得愈分。"　"飘逸"
之诗人："离群绝俗，犹如缑山之鹤，华顶之云；秀外而惠中，美
丽而气度不凡；如御风之蓬叶，飘荡在无垠；似得似失，似见似闻；
可期不可待，似离似分。"这是一位飘逸在天际的神仙，李白就是
这样的神仙。李白诗如神仙般飘逸自由，是唐诗之奇迹，也是中国
诗歌史上的奇迹，当然也是盛唐那个相对自由繁盛的时代之音。盛
唐之时，经济繁荣，国力强盛，文化开放，各种民族文化实现空前
交融，政治上较为宽松，并以诗取士，给诗人以相对的创作、生活
与发展空间。包括李白与杜甫在内的很多诗人都漫游各地，扩大了
交往，增长了见闻。相对自由的时代产生了神仙般飘逸的诗人李白，
也产生了神仙般飘逸的李白诗歌。这种飘逸的诗歌，具有风骨力度，
气吞山河，诗句随手拈来，不受任何束缚，具有超群的艺术想象力，
上天入地，由古及今，无所不包，无所不写，皆成文章，充分表现
了"盛唐气象"与"意境"之"风骨"与"意兴"。

　　李白存诗将近 1000 首，反映了盛唐之无比强大的生命力量，
成为豪放飘逸诗歌与人生的代表之作。其《蜀道难》写于天宝初年，
是盛唐诗歌的典型代表。诗云：

　　　噫吁嚱，危乎高哉！蜀道之难，难于上青天！蚕丛及
鱼凫，开国何茫然！尔来四万八千岁，不与秦塞通人烟。
西当太白有鸟道，可以横绝峨眉巅。地崩山摧壮士死，然
后天梯石栈相钩连。上有六龙回日之高标，下有冲波逆折
之回川。黄鹤之飞尚不得过，猿猱欲度愁攀援。青泥何盘
盘，百步九折萦岩峦。扪参历井仰胁息，以手抚膺坐长叹。
问君西游何时还？畏途巉岩不可攀。但见悲鸟号古木，雄

飞湍从绕林间。又闻子规啼夜月，愁空山。蜀道之难，难于上青天，使人听此凋朱颜。连峰去天不盈尺，枯松倒挂倚绝壁。飞湍瀑流争喧豗，砯崖转石万壑雷。其险也若此，嗟尔远道之人胡为乎来哉！剑阁峥嵘而崔嵬，一夫当关，万夫莫开。所守或匪亲，化为狼与豺。朝避猛虎，夕避长蛇，磨牙吮血，杀人如麻。锦城虽云乐，不如早还家。蜀道之难难于上青天，侧身西望长咨嗟！

对于此诗，解读有多种。我们认为，从意境之视角解读该诗，其主题应该是李白根据对于蜀道之难的亲身体验，抒发自己对于高及青天的蜀道的歌颂与自己攀越蜀道的人生理想。其时李白正当壮年，还没有实现自己的抱负，或者说正在等待与创造这样的机会。该诗抒发"蜀道之难难于上青天"之感叹，完全是基于李白作为蜀人亲身的经历与切身的体验，形象而逼真地抒写了跨越蜀道的生命震颤！诗从难、险、危与恶四个层次抒发这样的生命震颤，可以说几乎每一句都抒写了这种震颤，第一句"噫吁嚱，危乎高哉！蜀道之难，难于上青天！"就是一种发自生命深处对蜀道之难的惊叹！只有亲自爬过高山的人，才会有这样的惊叹与体验。它马上将我们带进攀爬高山的境界，与作者一同历险，经历攀爬蜀道的艰难险阻。这是该诗的第一个生命的感叹。下面对古代蜀地蚕丛、鱼凫的古国历史的追述，从"尔来四万八千岁"的无比夸张的历时的维度加强"噫吁嚱，危乎高哉"之生命惊叹；接着，又从鸟道、天梯、石栈、回川与青泥等地的无比惊险的角度强化了"噫吁嚱，危乎高哉"之生命惊叹。继而发出"扪参历井仰胁息，以手抚膺坐长叹"之情怀，蜀道之高，几乎能用手触摸到参井二星，使人只能仰头叹息，抚胸长叹！这是该诗第二个蜀道之险的生命惊叹！接着，通过"畏途巉岩""悲鸟号古木"与"子规夜啼月"等发出"蜀道之难，难于上青天，使人听此凋朱颜"的惊叹。这是诗人的第三个蜀道之危的生命惊叹！最后，诗人通过"枯松倒挂""飞湍瀑流""转石万壑雷""剑阁峥嵘""一夫当关，万夫莫开"与"磨牙吮血，杀人如麻"等，发出第四个蜀道前途之恶的生命惊叹："蜀道之难难于上青天，侧身西望长咨嗟！"最后只剩得"西望长咨嗟"。李白通过这四个生命惊嗟，抒发了他自己对于蜀道的惊叹与出蜀追求人生理想的愿望。这是该诗的"风骨"与"意兴"之所在，彰显了李白飘飘若仙的诗人风貌。

再看《庐山谣寄卢侍御虚舟》。卢虚舟曾与李白一起游过庐山，公元 760 年，李白流放夜郎，中途遇赦放还，途经庐山，故作诗遥寄卢虚舟。诗云：

> 我本楚狂人，凤歌笑孔丘。手持绿玉杖，朝别黄鹤楼。五岳寻仙不辞远，一生好入名山游。庐山秀出南斗旁，屏风九叠云锦张，影落明湖青黛光。金阙前开二峰长，银河倒挂三石梁。香炉瀑布遥相望，回崖沓嶂凌苍苍。翠影红霞映朝日，鸟飞不到吴天长。登高壮观天地间，大江茫茫去不还。黄云万里动风色，白波九道流雪山。好为庐山谣，兴因庐山发。闲窥石镜清我心，谢公行处苍苔没。早服还丹无世情，琴心三叠道初成。遥见仙人彩云里，手把芙蓉朝玉京。先期汗漫九垓上，愿接卢敖游太清。

该诗是李白晚年作品。此时，李白经过流放夜郎，仕途严重受挫，退隐的思绪占据上风。因而，此诗以成仙得道作为基本追求，其关键点即"早服还丹无世情，琴心三叠道初成"。也就是，追求一种服丹修炼摒弃世情与心平气和的学道目标，这是此诗的"兴寄"所在，是该诗丰富奇特的景物描写背后的东西。首先，李白写道"我本楚狂人，风歌笑孔丘"，开诚布公表明自己的立场——扬道弃儒。他以楚之狂人接舆自比，超然世外，漫游群山峻岭，追求成仙得道，即所谓"手持绿玉杖，朝别黄鹤楼。五岳寻仙不辞远，一生好入名山游"。接着描绘了庐山的著名景观，屏风九叠，明湖青黛，金阙二峰，银河倒挂，回崖沓嶂，翠影红霞，白波九道等，如诗如画，美轮美奂，如在目前。最后，点出本诗之诗眼："琴心三叠道初成。"这首诗明确地以成仙得道作为主旨。

杜甫与李白并称，被赞为"诗圣"。他一生信奉儒家思想，所谓"法自儒家有，心从弱岁疲"（《偶题》），明确追求诗歌的社会价值"致君尧舜上，再使风俗淳"（《奉赠韦左丞丈二十二韵》）。杜甫追求诗歌的意境与韵律之美，要求诗歌像王昌龄《诗格》所说的那样"出万人之境，望古人于格下"，所谓"觅句新知律，摊书解满床"（《又示宗武》）。杜甫《进雕赋表》称："至于沉郁顿挫，随时敏捷，而扬雄、枚皋之徒，庶可跂及也。"严羽即以"沉郁"为杜诗之风格："子美不能为太白之飘逸，太白不能为子美之沉郁。"（《沧浪诗话·诗评》）。司空图《二十四诗品》有"沉著"品，大体可以与"沉郁"相应。《沉著》："绿杉野屋，落日气清。脱巾独步，时闻鸟声。鸿雁不来，之子远行。所思不远，若为平生。海风碧云，夜渚月明。如有佳语，大河前横。"这里描述了"沉著"诗品的脱俗、淡定与含蓄的品格，体现了司空图的道家审美趣味，却没有反映杜甫的"致君尧舜上，再使风俗淳"的入世追求。严羽《沧浪诗话·诗辨》以"沉着痛快"与"优游不迫"为诗之"大概"，并显然以杜甫、李白为

（清）冷枚《春夜宴桃李园图》（取材自李白《春夜宴桃李园序》）

（清）王原祁《杜甫诗意图》

两种典型风格之代表。陈廷焯《白雨斋词话》云："所谓沉郁者，意在笔先，神余言外。写怨夫思妇之怀，寓孽子孤臣之感。凡交情之冷淡，身世之飘零，皆可于一草一木发之。而发之又必若隐若现，欲露不露，反复缠绵，终不许一语道破。匪独体格之高，亦见性情之厚。"显然，陈廷焯对"沉郁"的阐释，更符合杜诗意境之深沉与积极的入世"性情"。

"沉郁顿挫"是一种不同于李白诗"优游不迫"的诗歌境界与生命形态。我们据此来看杜甫的诗歌，先来看《兵车行》：

> 车辚辚，马萧萧，行人弓箭各在腰。爷娘妻子走相送，尘埃不见咸阳桥。牵衣顿足拦道哭，哭声直上干云霄。道旁过者问行人，行人但云点行频。或从十五北防河，便至四十西营田。去时里正与裹头，归来头白还戍边。边庭流血成海水，武皇开边意未已。君不闻汉家山东二百州，千村万落生荆杞。纵有健妇把锄犁，禾生陇亩无东西。况复秦兵耐苦战，被驱不异犬与鸡。长者虽有问，役夫敢申恨？且如今年冬，未休关西卒。县官急索租，租税从何出？信知生男恶，反是生女好。生女犹得嫁比邻，生男埋没随百草。君不见青海头，古来白骨无人收。新鬼烦怨旧鬼哭，天阴雨湿声啾啾。

据萧涤非先生考证，该诗大约写于天宝十年，即 751 年。史载天宝十载四月，唐玄宗发动南昭之战，死伤无数，杨国忠遣御史捕人，于是行者愁怨，父母妻子送之，哭声震野，此诗即为此事而作。[①]

---

① 萧涤非：《杜甫诗选注》，人民文学出版社 1979 年版，第 27 页。

该诗包括记事、记言与写感三个部分。该诗前五句悲愤地记录了官府征兵拉夫的凄苦场面，有听觉之"车辚辚，马萧萧"与"牵衣顿足拦道哭，哭声直上干云霄"；有视觉之"行人弓箭各在腰。爷娘妻子走相送，尘埃不见咸阳桥"，形象突出，画面感极强，直逼人之感官。记言方面，通过行人与过者的答问，交代了征兵频繁，边庭流血成海，役夫负担沉重，赋税地租不堪重负，以至田园荒芜，万户荆棘。写感方面，抒发了穷兵黩武所导致的生灵涂炭，给人民所造成的深重的社会痛苦。此诗具有极高的思想与艺术价值，思想上，艺术家凭借高度敏锐预感到李唐王朝衰败之运，大胆地揭露统治者的暴行，表现了杜甫的正义感与关爱人民的情怀。这在那样一个时代是极为可贵的。艺术上，该诗情景交融，形象突出鲜明，寓意深邃，成为繁华时代的悲歌，几乎预言了安史之乱发生的历史必然性。该诗在鲜明形象之外，包含着不凡的言外之意。这就是杜甫的正义感与同情心，特别是对于社会政治的高度敏锐与预感。这正是伟大艺术的标志，也是杜甫诗"沉郁"之意境的典型表现。

再看《茅屋为秋风所破歌》：

八月秋高风怒号，卷我屋上三重茅。茅飞渡江洒江郊，高者挂罥长林梢，下者飘转沉塘坳。南村群童欺我老无力，忍能对面为盗贼。公然抱茅入竹去，唇焦口燥呼不得，归来倚杖自叹息。俄顷风定云墨色，秋天漠漠向昏黑。布衾多年冷似铁，娇儿恶卧踏里裂。床头屋漏无干处，雨脚如麻未断绝。自经丧乱少睡眠，长夜沾湿何由彻！安得广厦千万间，大庇天下寒士俱欢颜，风雨不动安如山！呜呼！何时眼前突兀见此屋，吾庐独破受冻死亦足！

该诗作于肃宗上元二年即公元 761 秋八月。安史之乱后，杜甫流寓成都，在浣花溪畔建草堂而居，但八月的一场秋风将草堂屋顶茅草刮飞，导致全家遭雨淋。杜甫既感叹自身的遭遇，又由此抒发"安得广厦千万间，大庇天下寒士俱欢颜"的志向。该诗分三部分，第一部分是秋风破屋，刮走屋顶茅草；第二部分写破屋后的居住困难，床头屋漏，长夜难安；第三部分由己及人，抒写"安得广厦千万间，大庇天下寒士俱欢颜"之向往。该诗充分表现了杜甫博爱精神、崇高的境界，"安得广厦千万间，大庇天下寒士俱欢颜"正是该诗之"兴寄"所在，进一步体现了杜甫"沉郁顿挫"风格的深永内涵与不凡魅力。

李白与杜甫成为中国诗歌史的一代伟人，各有千秋，各具风流，构成唐代乃至中国诗歌史与文学史上的两座高峰。李白之"飘逸"与杜甫之"沉郁"均是时代的成就，是中国文化的骄傲。他们互相衬托，互为补充，各领风骚。萧涤非先生说，李杜二人"分道扬镳，各奔前程，而又各有千秋。正是'离之则双美，合之则两伤'。因此，我现在认为，在谈论这两位大诗人时，最好不要把他们扭作一团，分什么你高我低。"[①]

四、冲淡与劲健——"生生论诗学"的补充形态

盛唐之诗丰富繁荣，呈现了多种生命样态。严羽《沧浪诗话·诗

---

① 萧涤非：《杜甫诗选注》，人民文学出版社 1979 年版，第 357 页。

评》言道:"唐人好诗,多是征伐、迁谪、行旅、离别之作,往往能感动激发人意。"所以,唐诗除上述"飘逸"与"沉郁"风格之外,还有多种样态,其中"冲淡"与"劲健"就是主要的两种,可以作为唐诗"生生论诗学"的补充形态。"冲淡"是唐代田园诗的基本风格,是意境的重要形态,以王维为其代表,对于后世影响极大。司空图《二十四诗品》之《冲淡》:"素处以默,妙机其微。饮之太和,独鹤与飞。犹之惠风,荏苒在衣。阅音修篁,美曰载归。遇之匪深,即之愈希。脱有形似,握手已违。""冲淡"在《二十四诗品》中位列第二,是与"雄浑"并列的最为基本的诗歌境界,其基本点即是"素处以默,妙机其微。饮之太和,独鹤与飞",这是一种超越现实,修炼得道,把握太和,与仙鹤同飞的超凡境界。后文是对冲淡境界的具体描述,表明了它的美妙与若即若离。司空图《与李生论诗书》说:"王右丞、韦苏州,澄淡精致,格在其中,岂妨于遒举哉?"在司空图看来,王维与韦应物之田园诗在冲淡中仍然保留着遒劲之力。王维信佛,对于禅宗之"妙悟"深有体会,并运用于艺术创作。他的《山水诀》论画,云:"妙悟者不在多言,善学者还从规矩。"王维精擅诗画乐,且道佛兼信,对于独特诗境的体悟与创造必然不同凡响。他的《使至塞上》:"单车欲问边,属国过居延。征蓬出汉塞,归雁入胡天。大漠孤烟直,长河落日圆。萧关逢候骑,都护在燕然。"此诗作于737年,王维以监察御史身份出使边关宣慰。前四句即言此事,后四句即言所见边塞风光。"大漠孤烟直,长河落日圆",成为诗歌史上名句。此句所写为夕阳西下之时作者在边塞的瞬间观感,茫茫无垠的大漠之上,孤烟直上云霄;大漠之上,分外显眼的落日仿佛落入长河之中。这仿佛一幅图画,色彩鲜明:苍茫的大漠,直上的狼烟,红红的落日,灰色的长河,互相衬托，互为映照。这也体现了王维诗歌中的"静"，茫茫大漠悄无声息，只有静静的孤烟与落日。这是初上塞外的王维的直接的生命体验，也是一种"妙悟"。

王维晚年，创作大量的田园诗，其《鸟鸣涧》："人闲桂花落，夜静春山空。月出惊山鸟，时鸣春涧中。"此诗描写王维辋川别业的景象，诗人对鸟鸣涧中的瞬间感受：春天夜晚时分，静静的涧中桂花飘落，反衬出诗人之闲与山中之静，以致月亮的出现使山鸟惊起，不时有鸟儿叫声鸣响在山涧之中。"月出惊山鸟，时鸣春涧中"，突出一个"静"字，以落花、月出、鸟鸣衬托山涧之静。陆侃如先生认为，解开王维诗的钥匙就是"静"字。他说："这钥匙便是个'静'字。我们翻遍全集，知道我们的诗人最爱用'静'字。唯其能静，故能领略到一切自然的美。"① 这个山涧之"静"就是王维在这个春夜山涧间的生命体验。

总之，王维以对于自然之静的追求，体现了他的"冲淡"的艺术风格。当然，这"静"也是其田园诗所追求的田园之外的"景外之景""言外之意"，不仅体现了他的超越世俗的风骨，而且也体现了他对于诗歌"意兴"的追求。

下面再看"劲健"。《二十四诗品·劲健》云："行神如空，行气如虹。巫峡千寻，走云连风。饮真茹强，蓄素守中。喻彼行健，是谓存雄。天地与立，神化攸同。期之以实，御之以终。""劲健"风格之确立，要求诗人能与天地并立，在人生修养上"饮真茹强，蓄素守中"，才有所谓的"存雄""行健"，发之为诗，呈现为充实、磅礴的气势，如"走云连风"般神行于天地之间。岑参边塞诗之代表作《走马川行奉送出师西征》可称为"劲健"品之典范：

---

① 陆侃如、冯沅君：《中国诗史》，山东大学出版社 2009 年版，第 322 页。

　　君不见走马川行雪海边，平沙莽莽黄入天。轮台九月风夜吼，一川碎石大如斗，随风满地石乱走。匈奴草黄马正肥，金山西见烟尘飞，汉家大将西出师。将军金甲夜不脱，半夜军行戈相拨，风头如刀面如割。马毛带雪汗气蒸，五花连钱旋作冰，幕中草檄砚水凝。虏骑闻之应胆慑，料知短兵不敢接，车师西门伫献捷。

这是天宝十三年即公元754年，岑参任安西北庭节度使判官时为出征的封常青送行而作，被誉为典型的"盛唐之声"。该诗充分描写了战场的环境之苦，雪海无边，黄沙莽莽，狂风吹动乱石纷走；又道出边境战事之艰苦，将军金甲不脱，壮士半夜军行，风刀割面，严寒使马汗、砚水结冰；更以简短的笔触抒写了高昂的士气：虏骑丧胆，西门迎捷。该诗充分体现了"劲健"风格的"行神如空，行气如虹。巫峡千寻，走云连风"之特征。

五、"悲慨"——唐代"生生论诗学"最后的余韵

　　司空图《二十四诗品·悲慨》："大风卷水，林木为摧。适苦欲死，招憩不来。百岁如流，富贵冷灰。大道日丧，若为雄才？壮士拂剑，浩然弥哀。萧萧落叶，漏雨苍苔。""悲慨"之作品，狂暴大风卷起巨浪，无数的林木被尽数摧毁；苦难到来，生不如死，让人无法得到平定；漫长的生命如无序的流水，富贵也不过

是冷寂之灰；大道日渐沦丧，救世的雄才又在哪里？即便是手握利剑，也因空有浩然之气而无限凄悲；心境如秋天的萧萧落叶，也似屋里漏雨滴在滑湿的苍苔。这是一种由如狂风大水般的恶势力而引起的人类悲哀，使得林木被摧毁，安定生活被破坏，生命财产丧失了价值，道德沦丧，雄才无奈，凄苦悲凉。如果说这里有所谓"风骨"的话，那就是司空图的清醒与正义，而所谓"景外之景"，就是在凄凉中包含着的某种朦胧的对于未来的期望。其实，早在安史之乱前后，这种"悲慨"诗风即已出现，杜甫的"三吏""三别"就是这样的诗歌。白居易《卖炭翁》也是"悲慨"诗风的代表：

> 卖炭翁，伐薪烧炭南山中。满面尘灰烟火色，两鬓苍苍十指黑。卖炭得钱何所营？身上衣裳口中食。可怜身上衣正单，心忧炭贱愿天寒！夜来城外一尺雪，晓驾炭车碾冰辙。牛困人饥日已高，市南门外泥中歇。翩翩两骑来是谁？黄衣使者白衫儿。手把文书口称敕，回车叱牛牵向北。一车炭重千余斤，宫使驱将惜不得！半匹红纱一丈绫，系向牛头充炭直！

这是白居易写于元和四年即公元 809 年的一首讽喻诗，批判当时唐代最高统治者一种强取豪夺、随便攫取老百姓的财物的所谓"宫市"。卖炭翁饥寒交迫，卖炭谋生，却被"黄衣使者"以所谓皇敕抢夺一空，反映了唐代社会已经无药可救。这是一种无限悲凉的情景，恰符合《悲慨》之"大风卷水，林木为摧"。再看皮日休的《卒妻怨》：

> 河湟戍卒去，一半多不回。家有半菽食，身为一囊灰。
> 官吏按其籍，伍中斥其妻。处处鲁人髽，家家杞妇哀。少
> 者任所归，老者无所携。况当札瘥年，米粒如琼瑰。累累
> 作饿殍，见之心若摧。其夫死锋刃，其室委尘埃。其命即
> 用矣，其赏安在哉。岂无黔敖恩，救此穷饿骸。谁知白屋士，
> 念此翻欷歔。

这首诗道尽了晚唐社会的凄凉悲苦，批判色彩浓厚。因此，皮日休的作品被鲁迅称为"一塌糊涂的泥塘里的光彩和锋芒"①。

唐代"意境论诗学"与司空图《二十四诗品》鲜明地表现了中国诗学与美学的书写方式。这种书写方式就是非工具理性的紧密结合作品实际进行论述描绘的书写方式，这也就是严羽《沧浪诗话》所谓的"不涉理路，不落言筌""羚羊挂角，无迹可求"。"不涉理路，不落言筌"与"羚羊挂角，无迹可求"形象地阐释了"兴趣"的内涵，"兴趣"即"别趣"，也就是"妙悟"，指诗人在诗歌创作的瞬间体悟和生命的瞬间震颤。李杜与王维等盛唐诗人将这种瞬间体悟与震颤，以诗歌的语言描绘出来，即成为传颂千古之作。正是"意境论诗学"与"生生论美学"的艺术呈现，成为特有的中国式诗歌书写方式。这种书写方式具有广阔的阐释空间，与西方后现代文论之"描述"十分接近。司空图的《二十四诗品》在某种程度上就是通过对于唐诗风格的描绘来进行中国式的理论总结，阐释了在何种状态下诗人能够创作出这种美学风格的诗歌，而不是直接对于某种美学风格进行理论阐释。《二十四诗品》中虽然个别品类阐释了创作技巧，但基本是描摹诗歌的风格与意境。由此说明，中国

---

① 鲁迅：《小品文的危机》，《鲁迅全集》（第 4 卷），人民文学出版社 2005 年版，第 591 页。

传统"生生论诗学"尽管没有西方理论那样的工具理性，但绝不能由此抹杀其价值。

总之，唐诗是中国传统"生生论诗学"的高峰，它以其极为丰富的诗歌创作和理论成果，呈现了中国传统生生诗学的特殊风貌。特别是在唐代诗歌基础上产生的"意境"之论与司空图的《二十四诗品》等，以其紧密结合诗歌作品的特殊形态与"味外之旨""韵外之致""象外之象，景外之景"等的特殊东方内涵而具有无限的魅力，而其表述的"不涉理路，不落言筌"，以诗歌的语言、描述性形象暗示，使之具有后现代的生命力量。

第五章

宋词的微情之美：

词之为体，要眇宜修；

兴于微言，幽约怨悱

　　唐之中后期，一种音乐与文学交相融合的新的艺术形式——词悄然兴起。发展到唐末宋初，词的创作蔚然成风，所谓"凡有井水处，即能歌柳词"。目前，搜集最称完备的唐圭璋《全宋词》所辑词人逾千家，篇章已逾两万。从清代后期起，就有学者把汉赋、唐诗、宋词与元曲作为最能代表中国各个时代文学成就的艺术形式。

　　宋词之所以成为"一代之文学"，就因其具有自己独有的区别于诗之"言志"的抒发"隐幽"之情的美学特质。这种美学特质，在王国维的《人间词话》中得到了较为系统的阐发。他认为："词之为体，要眇宜修"，又说："词以境界为上。"① 这就指出了词这种文体的"要眇宜修"之美学特质。"要眇宜修"，原义指爱情中的女性为了美而刻意地修饰完美；"境界"，则是指词之特有的"富于兴发感动之作用的作品中之世界"②。也可以说，是指词之生命情感之美所达到的"疆界"。由此，我们可以把宋词的境界之美概括为生命情感的"要眇宜修"。

一、"要眇宜修"之美的历程

　　宋词之"要眇宜修"的境界之美是如何逐步形成的呢？这要回

---

① 王国维著：《人间词话译注》，施议对译注，岳麓书社 2008 年版，第 3、179 页。
② 叶嘉莹：《叶嘉莹谈词》，南开大学出版社 2013 年版，第 40 页。

到唐末五代之《花间集》。当时，词已经逐步兴盛发展，遂由赵崇
祚编为《花间集》。词人欧阳炯在为《花间集》所写的序中，指出
了词之"合鸾歌""谐凤律"的"倚声填词"的音乐性特点，"娇
娆之态"的歌女之歌的歌唱主体，以及"香径""红楼"的词之主题。
这就彰显了词区别于诗的娱乐性与艳词的基本面貌。最早明确地从
理论上突出词作为一种文体的独立性的，当是著名女词人李清照。
她在北宋末年所作《论词》一文，明确提出词"别是一家"的基本
观点。她总结了词之产生历程、基本特点，评价了当时的著名词人，
然后提出了词"别是一家，知之者少"的观点。她认为，词应该"协
音律"，并以此作为词与诗的区别。她说："盖诗文分平侧，而歌
词分五音，又分五声，又分六律，又分清浊轻重。"① 这就指出了
词即"歌词"的音乐性与抒情性特点。此后的词学围绕着李清照"别
是一家"的观点展开了深入的研究探讨。宋末张炎作有著名的《词
源》，是对南宋之前词之理论总结，特别是在词之协律上用力更深，
明确要求"词之作必须合律""簸弄风月，陶写性情，词婉于诗""词
欲雅而正"以及"清空"与"意趣"等艺术要求。②

　　李清照与张炎的词论总结了有宋一代的词学思想，奠定了词"别
是一家"的基本理论，引出了有清一代词学理论的发展与词之特殊
"要眇宜修"的境界之美的出台。清代常州词派代表张惠言在《词
选序》中提出了著名的意内言外与比兴寄托的观点。他说："词者，
盖出于唐之诗人，采乐府之音以制新律，因系其词，故曰词。传曰：
'意内而言外谓之词。'其缘情造端，兴于微言，以相感动，极命

① （宋）魏庆之：《魏庆之词话·李易安评》，唐圭璋编《词话丛编》（第1册），中华书局1986年版，第202页。
② （宋）张炎：《词源》（卷下），唐圭璋编《词话丛编》（第1册），中华书局1986年版，第255—267页。

风谣里巷男女哀乐，以道贤人君子幽约怨悱不能自言之情，低徊要眇以喻其致。盖诗之比兴，变风之义，骚人之歌，则近之矣。"①这里，不仅道出了词之协律的基本特点，而且充分说明了词之内容的特殊性：缘情造端，兴于微言，道幽约怨悱、不能自言之情，低徊要眇以喻其致等等。

叶嘉莹认为："词是一种很微妙的文学体式，比诗更加微妙。因为诗是显意识的，是言志的。可是词是不知不觉之间流露出来的，早期的词都是如此。这就是我们讲到的张惠言的词论。他的词论虽然有牵强比附的地方，但是他确实体会到了词的一种美学特质，所谓词的美学特质就是说它能给读者很多、很丰富的联想，是作者不必有此意，而读者何必无此想。这是词的一种特殊性能。"②她划清了诗与词的界限，所谓诗是"言志"的、"显意识"的，而词的特殊的美学特质是作者不必有此意，而读者却能作此联想。也就是说，词表达的"言外之意"是一种潜意识。这就是词特有的美学特质与性能。这大概就是王国维所称的词之"内美"。他说："词乃抒情之作，故尤重内美。无内美而但有修能，则白石耳。"③对于词体的这种"内美"，王国维给予界定道："词之为体，要眇宜修。能言诗之所不能言，而不能尽言诗之所能言。诗之境阔，词之言长。"④这就明确回答了词"别是一体"及其"内美"的基本特征，划清了词与诗的界限。首先，词这种文体的基本特征是"要眇宜修"。"要眇宜修"，来自屈原《九歌·湘君》。《湘君》写道："君不行兮夷犹，蹇谁留兮中洲？美要眇兮宜修，沛吾乘兮桂舟。""横

① （清）张惠言：《张惠言论词·附录》，唐圭璋编《词话丛编》（第2册），中华书局1986年版，第1617页。
② 叶嘉莹：《叶嘉莹谈词》，南开大学出版社2013年版，第17—18页。
③ 王国维著：《人间词话译注》，施议对译注，岳麓书社2008年版，第257页。
④ 王国维著：《人间词话译注》，施议对译注，岳麓书社2008年版，第179页。

流啼兮潺湲，隐思君兮陫侧。"《湘君》抒写湘水女神——湘夫人对于爱人湘君的期盼相思之情。诗中写焦急等待夫君的湘夫人猜测夫君为什么迟迟未到：也许夫君还在中洲之地等待未行？我要将美貌无比的自己再装饰打扮，在激流中驾驭美丽芬芳的桂舟迎接我的夫君！但天时地利等原因以致相会不顺，我只能让泪水像潺潺泉水般在面颊横流，对你的思念之苦难言而又凄切悲伤。据称，"湘君"与"湘夫人"是先秦时代汉族神话中湘水边的男女神，以其为篇名的诗歌是屈原《九歌》十一首的组成部分，是祭祀之歌，描述男女凄苦的思念之情，绘声绘色地表达了那种隐思悱恻、驰神遥望、祈之不来、盼之不见的惆怅心情。王国维将这种情感用"要眇宜修"这种具有动作性的语言加以概括，并以之为词的"内美"。"要眇"，女性之美也；"宜修"，修饰完美也。"要眇宜修"，即言女性之美的修饰提升，形象生动，内涵丰富，表现了词这种文体的特殊的"内美"。同时，也划清了诗与词这两种文体的界限：词表达某种私密的诸如男女之爱的隐情，缠绵悱恻，这是"诗之所不能言"的；但词又"不能尽诗之所能言"，例如，不能言诗所常言的宏大的报国忠君之志等等。所以，"诗之境阔，词之言长"。

词的"要眇宜修"之隐思悱恻具有情感的生命原初性特点，具有生命论的内涵。王国维将之归结为一种"赤子之心"，他说："词人者，不失其赤子之心者也。故生于深宫之中，长于妇人之手，是后主为人君所短处，亦即为词人所长处。"①《孟子·离娄下》中有言："大人者，不失其赤子之心者也。""赤子之心"是孟子"性善"论的观念，言人之生命本性即为赤子之心。王国维认为，李后主词表现的那种缠绵悱恻的情感，是其赤子之心的生命本性的表现。同

---

① 王国维著：《人间词话译注》，施议对译注，岳麓书社 2008 年版，第 43 页。

时，王国维也提到清代词人纳兰容若词的自然之情。他说："纳兰容若以自然之眼观物，以自然之舌言情。此由初入中原，未染汉人风气，故能真切如此。北宋以来，一人而已。"①纳兰容若为清代满族著名词人，其词自然清丽，情感真切，诚如王国维所言，"以自然之眼观物，以自然之舌言情"。如，"我是人间惆怅客，知君何事泪纵横，断肠声里忆平生"等，表现了一种自然的生命本真的情感。这也是王国维所言的富有生命气息的"要眇宜修"的"内美"。

王国维不仅从中国传统文化论说"要眇宜修"之"内美"的生命特性，还从西方语境吸收资源论说这种"内美"，主要是吸收西方近代叔本华与尼采的生命意志的学说。前面提到的"赤子之心"，王国维曾用叔本华近似言论来说明。叔本华指出："天才者，不失其赤子之心也。"在叔本华看来，天才犹如七龄之童，智力已经发达，但受欲望意志影响尚少，"即彼知力之作用，远过于意志之所需要而已。故自某方面观之，凡赤子皆天才也"②。要之，所谓天才，乃未受欲望之浸染的原初生命的形态也。更进一步，王国维引用德国著名生命意志论哲学家与美学家尼采的关于文学乃"以血书之"的观点，说："尼采谓：'一切文学，余爱以血书者。'后主之词，真所谓以血书者也。宋道君皇帝《燕山亭》词亦略似之。然道君不过自道身世之戚，后主则俨有释迦、基督担荷人类罪恶之意，其大小固不同矣。"③尼采所谓"以血书"之文学，即其在《悲剧的诞生》中谈到的悲剧精神乃惊骇与狂喜为特点的生命的强力意志。尼采在《悲剧的诞生》中说道："酒神因素比之于日神因素，显示为永恒

① 王国维著：《人间词话译注》，施议对译注，岳麓书社 2008 年版，第 128 页。
② 转引自王国维《叔本华与尼采》，《中国现代美学名家文丛·王国维卷》，聂振斌选编，浙江大学出版社 2009 年版，第 47 页。
③ 王国维著：《人间词话译注》，施议对译注，岳麓书社 2008 年版，第 48 页。

的本原的艺术力量，归根到底，是它呼唤整个现象世界进入人生。在人生中，必须有一种新的美化的外观，以使生气勃勃的个体化世界执着于生命。"① 王国维将尼采关于悲剧产生与生气勃勃的酒神精神借用以论词，使词之"要眇宜修"之"内美"具有了生命力量的内涵。他还借用了叔本华关于佛教与基督教对于人类罪恶的解脱作用，认为李煜之词有"释迦、基督担荷人类罪恶之意"。有研究者认为，王国维此处夸大其词。其实，王氏赋予词的"要眇宜修"之美以"生命意志"之内涵，本身即含有超脱人类苦难的作用之意。当然，王氏自己也认为担荷人类罪恶一说有不确之嫌。他说："然叔氏之说，徒引据经典，非有理论的根据也。试问释迦示寂以后，基督尸十字架以来，人类及万物之欲生奚若？其痛苦又奚若？吾知其不异于昔也。"② 今人叶嘉莹在词学研究中独居慧眼，创获颇多，她独到地将"要眇宜修"解释为一种"弱德之美"。她说："我讲词时曾经提到过'弱德之美'。弱德之美不是弱者之美，弱者并不值得赞美。'弱德'，是贤人君子在强大压力下仍然能有所持守、有所完成的一种品德，这种品德自有它独特的美。……也就是贤人君子处于压抑屈辱中，而还能有一种对于理想之坚持的'弱德之美'，一种'不能自言'的'幽约怨悱'之美。"③ 也就是说，所谓"弱德之美"即是一种"弱势之美"，是处于弱势而又能坚持完成自己理想的美。被王国维称道的李后主就是这种"弱德之美"的典型代表。其著名的《破阵子》云："四十年来家国，三千里地山河。凤阁龙楼连霄汉，玉树琼枝作烟萝，几曾识干戈。 一旦归为臣虏，沈腰潘鬓消磨。最是仓皇辞庙日，教坊犹奏别离歌，挥泪对宫娥。"该词为李煜被俘沦为

① （德）尼采：《悲剧的诞生》，周国平译，生活·读书·新知三联书店1986年版，第107页。
② 王国维：《〈红楼梦〉评论》，《中国现代美学名家文丛·王国维卷》，聂振斌选编，浙江大学出版社2009年版，第127页。
③ 叶嘉莹：《叶嘉莹谈词》，南开大学出版社2013年版，第36—37页。

亡国奴后的生活与感受，有着对于被俘前四十年繁华生活的回忆留恋、对于失国之悔恨以及沦为臣虏的痛苦，表达了特殊的处于弱势又坚持离恨的"弱德之美"。中国词学到王国维与叶嘉莹，对词之"别是一体"之"要眇宜修"之"内美"作了较为充分的阐释。

二、"要眇宜修"之美的诞生

　　下面，我们要谈一下词之"要眇宜修"的"境界"之美何以产生。首先，从政治经济来看，北宋结束了五代割据，统一中国，从 960 年至 1125 年历经了百余年的太平盛世，经济得到繁荣，城市不断发展，市民社会逐步形成。杭州、汴京、成都等大城市非常繁华。据说，当时杭州已经发展到百余万家，非农业人口十有五六，市民队伍壮大，茶馆、教坊遍地，娱乐文化不断发展。孟元老在《东京梦华录序》中写道："正当辇毂之下，太平日久，人物繁阜。垂髫之童，但习歌舞；斑白之老，不识干戈。时节相次，各有观赏。灯宵月夕，雪际花时，乞巧登高，教池游苑，举目则青楼画阁，绣户珠帘，雕车竞驻于天街，宝马争驰于御路，金翠耀目，罗绮飘香。新声巧笑于柳陌花衢，按管调弦于茶坊酒肆。八荒争凑，万国咸通。集四海之珍奇，皆归市易；会寰区之异味，悉在庖厨。花光满路，何限春游；箫鼓喧空，几家夜宴。伎巧则惊人耳目，侈奢则长人精神。"汴京的繁华奢侈，市井中青楼画阁，柳巷花衢，茶饭酒肆，绣户珠帘，这些，正是"要眇宜修"的词得以产生的经济与物质基础。

　　当时的宋代社会，也有歌词之产生的条件。据史载，赵匡胤夺取政权建立赵宋王朝后，担心他的佐命大臣效法他从"孤儿寡妇"手中夺权，因而，除了"杯酒释兵权"之外，又引导王公大臣们"及时行乐"，使他们流连"淫坊酒肆"与"歌舞场所"，过上了"浅斟低唱"的生活。宋初贵族子弟、官宦达人"养歌姬""玩舞嬛"，乃至直接"填词作令"与"借歌寄愁"，几成风气。官方开设教坊，公开教养众多歌姬，很多官场的迎来送往都在教坊进行。蓄养歌姬，听歌唱词，成为官方许可的活动。这些，都成为"要眇宜修"之词得以盛行的条件。

同时，有宋一代党争激烈。北宋中期以后，政坛分改革派与保守派，两派政争直贯北宋灭亡，激烈的党争导致多数士人政治地位经常上下起伏。如，苏轼因不满"新法"，被罗织罪名，诬以诗文讥刺皇帝和朝廷，因而被逮捕关押到御史台受审。"乌台诗案"历时半年，辑录苏轼交代材料数万字，查抄诗词一百多首，涉及官员39人，包括相国与驸马等高官。这给广大文人造成极大影响，诚如苏轼自言，"世事一场大梦，人生几度秋凉"。他从此由儒转道佛，作品也由"积极出世，洪钟大吕"转向"佛庄禅意，青山秀水"。正是这种激烈的党争与仕途的险恶，使得众多文人更加倾向于"低徊要眇以喻其致"的词之创作。

对于词这种文体的形成，王国维说："凡一代有一代之文学：楚之骚，汉之赋，六代之骈语，唐之诗，宋之词，元之曲，皆所谓一代之文学，而后世莫能继焉者也。"① 王国维在《人间词话》中写道："四言敝而有《楚辞》，《楚辞》敝而有五言，五言敝而有七言，古诗敝而有律绝，律绝敝而有词。盖文体通行既久，染指遂多，自成习套。豪杰之士，亦难于其中自出新意，故遁而作他体，

---

① 王国维：《宋元戏曲史》，岳麓书社 2010 年版，《自序》第 1 页。

以自解脱。一切文体所以始盛终衰者，皆由于此。故谓文学后不如前，余未敢信。但就一体论，则此说固无以易也。"① 在这里，王国维发展了中国传统的文学"通变"之说。《文心雕龙·通变》有言："文律运周，日新其业。变则其久，通则不乏。趋时必果，乘机无怯。望今制奇，参古定法。"文体的发展创新乃历史之必然，只有变革才能促进文学的发展，必须跟随时代发展，抓住机遇才能持续发展而不至于疲乏无力。王国维在《人间词话》中也揭示了词的应时而生，又应时而衰的发展规律。他说："诗至唐中叶以后，殆为羔雁之具矣。故五代北宋之诗，佳者绝少，而词则为其极盛时代。即诗词兼擅如永叔、少游者，词胜于诗远甚。以其写之于诗者，不若写之于词者之真也。至南宋以后，词亦为羔雁之具，而词亦替矣。此亦文学升降之一关键也。"② 这就充分说明，词之产生亦是文学自身发展的结果。时代发展了，人的感情需要更加多样丰富，词应运而生。其初，唐之末期乃至五代，音乐的发展，教坊的普遍，歌词成为文人表达思想感情的重要手段，发展迅速，填词成为当时文人的一种重要生活方式。这种以描写妇女日常生活感情为特点带有绵软风格的词被称为"花间词"，后由文人编辑为《花间集》，影响巨大。到了宋代，词更受到文人墨客甚至官员的喜爱，填词蔚然成风，迅速发展。例如，欧阳修官至枢密副史，执掌内阁决策之权，但官场的复杂、人生的颠簸、内心苦痛的不可排解，使他选择了词这样一种抒发情感的渠道。他的著名的《蝶恋花》乃是借词抒愁之作。该词写道："庭院深深深几许。杨柳堆烟，帘幕无重数。玉勒雕鞍游冶处，楼高不见章台路。　　雨横风狂三月暮。门掩黄昏，无计留春住。泪眼问花花不语，乱红飞过秋千去。"词写歌妓思念情人

---

① 王国维著：《人间词话译注》，施议对译注，岳麓书社 2008 年版，第 133 页。
② 王国维著：《人间词话译注》，施议对译注，岳麓书社 2008 年版，第 166 页。

之事，"章台"即歌妓生活之处。这个思妇内心无比痛苦，重重的高楼封锁住她的无尽的思念；尽管泪眼模糊却无处倾诉，连飘落的花儿都不愿意给她回答，充分反映了欧阳修无尽的、无法排解的痛苦。这是一种特殊的被叶嘉莹称为"双重性别"与"双重语境"的文学表达方式。欧阳修位居高官，为文坛领袖，在诗文中以言道标榜，所谓"大抵道胜者，文不难而自至也"（《答吴充秀才书》），却在其词《蝶恋花》中借一位歌妓之口表达了自己在官场与生活中被压抑的苦闷之情。诚如叶嘉莹所言："词人要说的是什么？是大家都写的美女和爱情。可是很奇妙，当一个词人在游戏笔墨，随随便便给一个歌曲填上一首歌辞的时候，有时在无意之中反而把内心最深隐、最细微的一种感受、感情或体会流露出来了。这正是词的妙用，也是一首好词所具备的一种特殊的美学特质。"[1]欧阳修内心最深隐最细微的痛苦之情借助歌妓这种特殊身份，与词这种特殊的艺术形式，自然而充分地表达出来。这恰是词的"要眇宜修"的美学特质得以实现的重要的社会与文学因素。

词的产生，特别是其"要眇宜修"美学特质的形成还有一个重要原因，就是唐代以来，特别是宋代胡乐的输入。诚如陆侃如所说："词的产生主要是因为唐代民间诗人创造了新的乐章，附带也因为有外族音乐的输入。""由于民间诗人的创作，加上外族音乐的影响，在诗史上便产生了新的体裁"[2]。据《宋史》记载，唐代以来的音乐几乎被龟兹人传来的琵琶乐所笼罩，而依曲填词的发展也同这种琵琶曲的传播分不开。北宋平定五代割据势力的同时，也收用了旧时的乐工与他们保留的旧曲，使得宋初教坊发达，旧曲翻唱，导致了音乐的繁荣，促进了词的发展。

---

① 叶嘉莹：《叶嘉莹谈词》，南开大学出版社 2013 年版，第 13 页。
② 陆侃如：《中国诗史》，山东大学出版社 2009 年版，第 326、331 页。

词这种音乐性与文学性结合的艺术形式，最初是以音乐性见长的，基本上是一种抒情的歌曲，而且是以歌女的歌唱为主，这种抒情性及其歌女教坊演唱为主的游戏特点，使得词的"要眇宜修"与"幽约怨悱"的美学特质更加鲜明。

三、"要眇宜修"之美的阐释

"境界"是王国维在著名的《人间词话》中提出的。王国维为什么要用"人间"来标识他的词作与词话著作呢？这应该与王国维继承叔本华之生命意志论哲学美学，将人生视为欲望之无法满足而产生无尽痛苦，主张借助美之艺术为之作短暂之解脱有关。"人间"，乃指人间之关怀与解脱也。王国维在著名的《〈红楼梦〉评论》中说道："生活之本质何？欲而已矣。欲之为性无厌，而其原生于不足。不足之状态，苦痛是也。"又说："有兹一物焉，使吾人超然于利害之外，而忘物与我之关系。此时也，吾人之心，无希望，无恐怖，非复欲之我，而但知之我也，此犹积阴弥月，而旭日杲杲也；犹覆舟大海之中，浮沉上下，而漂著于故乡海岸也；犹阵云惨淡，而插翅之天使，赍平和之福音而来者也；犹鱼之脱于罾网，鸟之自樊笼出，而游于山林江海也。然物之能使吾人超然于利害之外者，必其物之于吾人无利害之关系而后可，易言以明之，必其物非实物而后可。然则非美术何足以当之乎？"[1] 由此说明，在王氏看来，只有被其

---

[1] 王国维：《〈红楼梦〉评论》，《中国现代美学名家文丛·王国维卷》，聂振斌选编，浙江大学出版社 2009 年版，第 115—116、116—117 页。

称作是美术之艺术才能使人生超越欲望，解脱痛苦。

这种艺术解脱论，使我们能更好地理解王国维的"境界"论。《人间词话》的开首即言："词以境界为最上。有境界则自成高格，自有名句。五代、北宋之词所以独绝者在此。"这里指出了"境界"乃词之核心，词有境界才有高的格调，才能称之为好词，这是五代与北宋之词独领风骚的原因。"境界"一词，在汉语中原指土地的界限与疆域的边线，佛学以该词指六识感知、认识和辨别的对象等。"境界"与"意境"有关系，也有区别。王国维常常两者兼用。王国维有言："冯正中词虽不失五代风格，而堂庑特大，开北宋一代风气。"①"堂庑特大"，指冯延巳之词境的广度。王国维认为，"境界"是对词的"探本"之论。他说："沧浪所谓'兴趣'，阮亭所谓'神韵'，犹不过道其面目，不若鄙人拈出'境界'二字，为探其本也。"②又说："言气质，言神韵，不如言境界。境界，本也；气质、神韵，末也。有境界而二者随之矣。"③"兴趣"，是南宋严羽倡导的一种含蓄之美；"神韵"，则是清代王士祯所倡导的一种冲淡、含蓄的风格。王国维认为，"兴趣""神韵"都不像"境界"那样能揭示出词之根本特征。而所谓作为词之根本的"境界"，或者说词之超越性，我们认为，是指生命的情感的超越性所达到的高度与广度。王国维在论述"境界"之时，运用了"真感情"之说。他说："境非独谓景物也，喜怒哀乐，亦人心中之一境界。故能写真景物、真感情者，谓之有境界；否则谓之无境界。"④所谓"真感情"，即明代李贽所说的"童心"，也就是王国维所说的"赤子之心"，即真诚之情感与生命自然之心。在王国维看来，没有真情

①王国维著：《人间词话译注》，施议对译注，岳麓书社2008年版，第51页。
②王国维著：《人间词话译注》，施议对译注，岳麓书社2008年版，第24页。
③王国维著：《人间词话译注》，施议对译注，岳麓书社2008年版，第182页。
④王国维著：《人间词话译注》，施议对译注，岳麓书社2008年版，第18页。

实感的词，即为"游词"。"词人之忠实，不独对人事宜然。即对一草一木，亦须有忠实之意，否则所谓'游词'也。"①"忠实"，即真诚，指忠于事物之本然状态。王氏不仅要求写人写事须忠实，即使仅写一草一木也要忠实，否则即为"游词"。

　　最能体现"境界"之生命情感之意涵的，是王国维的"出入说"："诗人对宇宙人生，须入乎其内，又须出乎其外。入乎其内，故能写之；出乎其外，故能观之。入乎其内，故有生气；出乎其外，故有高致。"又说："诗人必有轻视外物之意，故能以奴仆命风月。又必有重视外物之意，故能与花鸟共忧乐。"②陈伯海认为，这便是王国维由生命体验向生命超越的演进。他说："这里所说的'入'和'重视'，是指生命的自我投入，投入后始能感受人生，流连物象，拟容取心，得其生气；而所说的'出'和'轻视'则是指生命的自我超越，超越后也才能观照世情，凌暴万类，洞察玄机，以显其高致。显然，这正是审美活动发自内在体验而终须外在超越的意思。"③王氏的"出入"说尽管也有中国古代文化的渊源，如司空图所说的"超以象外，得其环中"，主要应该是运用了叔本华生命意志论哲学与美学的"审美观审"的思想。叔本华将审美与艺术当作慰藉人类的花朵，补偿人类欲望缺失的途径，而其前提则是审美与艺术要有超越性，审美对象要超越于个别事物，成为非根据律的"理念"，审美主体要超越于意志与欲求，成为无意志的主体，审美成为"在直观中浸沉，是在客体中自失，是一切个体性的忘怀，是遵循根据律的和把握关系的那种认识方式的取消"，"人们或是从狱室中，

① 王国维著：《人间词话译注》，施议对译注，岳麓书社 2008 年版，第 248 页。
② 王国维著：《人间词话译注》，施议对译注，岳麓书社 2008 年版，第 145、147 页。
③ 陈伯海：《生命体验与审美超越》，三联书店 2012 年版，第 42 页。

或是从王宫中观看日落，就没有什么区别了"。① 这种观审是对于个体生命意志的超越，也是对于个体生命意志的慰藉。显然，叔本华的"观审"正是王国维"出入"说之哲学、美学之根据，而由诗人之"出入"所创造出的词之"境界"正是生命之"真感情"的活动与呈现。我们从王国维关于词之"境界"的一系列论述中都可以看到这一点。

王国维说："有有我之境，有无我之境。'泪眼问花花不语，乱红飞过秋千去''可堪孤馆闭春寒，杜鹃声里斜阳暮'，有我之境也；'采菊东篱下，悠然见南山''寒波澹澹起，白鸟悠悠下'，无我之境也。有我之境，以我观物，故物皆著我之色彩；无我之境，以物观物，故不知何者为我，何者为物。古人为词，写有我之境者为多，然未始不能写无我之境。此在豪杰之士能自树立耳。"② 实际上，"有我之境"与"无我之境"都是生命真情感的投入。在诗人之创作中，我之真情感与自然之景象融为一体，须臾难分，主客合一，即为"无我之境"。如，陶渊明"采菊东篱下"，其闲适之真情感已与菊花、东篱、南山与飞鸟，化而为一，难分难离，我之真情感已经化为南山之景。如果真情感浓烈，自然景象皆为情感染化、笼罩，即为"有我之境"。如王国维所列举的欧阳修《蝶恋花》、秦观《踏莎行》中词句。

至于词之"境界"呈现之"隔"与"不隔"，实质上仍与"真情感"之贯注紧密相关。他说："白石写景之作，如'二十四桥仍在，波心荡，冷月无声''数峰清苦，商略黄昏雨''高树晚蝉，说西风消息'，虽格韵高绝，然如雾里看花，终隔一层。梅溪、梦

---

① （德）叔本华：《作为意志和表象的世界》，石冲白译，商务印书馆 2009 年版，第 173 页。
② 王国维著：《人间词话译注》，施议对译注，岳麓书社 2008 年版，第 8 页。

窗诸家写景之病，皆在一'隔'字。"① 王国维所举出的姜夔诸词，用典较多，影响到真情感与景物的融为一体，故而"终隔一层"。王国维又说："问'隔'与'不隔'之别，曰：陶、谢之诗不隔，延年则稍隔已；东坡之诗不隔，山谷则稍隔矣。'池塘生春草''空梁落燕泥'等二句，妙处唯在不隔，词亦如是。即以一人词论，如欧阳公《少年游》（咏春草）上半阕云：'阑干十二独凭春，晴碧远连云。千里万里，二月三月，行色苦愁人。'语语都在目前，便是不隔。至云'谢家池上，江淹浦畔'，则隔矣。白石《翠楼吟》'此地。宜有词仙，拥素云黄鹤，与君游戏。玉梯凝望久，叹芳草、萋萋千里'，便是不隔。至'酒祓清愁，花销英气'，则隔矣。然南宋词虽不隔处，比之前人，自有深浅厚薄之别。"② 这里所列之诗词之"不隔"，均因情景交融一体，真感情灌注始终，而所谓"隔"者多因借典与用事，使得真情感无法直接表达。例如，所举的欧阳修词《少年游》，借咏春草而抒离别之情。上片直抒离情，主人公凭栏远眺，远望连云。"千里万里"言路途之远，"二月三月"言时光之长。想到远人的行色之苦，几乎直抒离情，因此"不隔"。下片，则借助三个典故，以池上江浦、疏雨黄昏等，言思妇对于离人的相思。同一首作品有"隔"有"不隔"，全看是否灌注了真情感。

对于王国维的"境界"之说，学术界关注颇多，评价不一。叶嘉莹有自己的见解，她以"世界"来解"境界"。她说："王氏所提出之'境界'，乃是特指在小词中所呈现的一种富于兴发感动之作用的作品中之世界，而并非泛指一般以'言志'为主的诗中之'意境'或'情景'之意。"③ 又说："境界就是说一个世界，但这个

---

① 王国维著：《人间词话译注》，施议对译注，岳麓书社 2008 年版，第 998 页。
② 王国维著：《人间词话译注》，施议对译注，岳麓书社 2008 年版，第 101 页。
③ 叶嘉莹：《叶嘉莹谈词》，南开大学出版社 2013 年版，第 40 页。

世界不是我们大千世界的种种的现实的世界，这是作品的一个世界。……这个世界是作者心灵或者意识跟外在的现象接触所产生的一个带着感动的世界。……我说过，诗，是言志的，是有一个明显的意识的活动，他有一个志意在里面。……而词呢？是作者写给歌女唱的歌词……但不知不觉间也流露了他自己本人的一份性格修养在其中了，所以造就词里面的一种境界，就是词里面所表现作者心灵感情的真正本质的质素的一个世界。"①叶氏又进一步将"境界"及"世界"之说扩大到现象学之意识性之中的经验世界。她说："由此可知所谓'境界'实在乃是专以意识活动中之感受经验为主的。所以当一切现象中之客体未经过吾人感受经验而予以再现时，都并不得称之为'境界'。像这种观念，与我们在前文所提出的艾迪伦介现象学所说的'现象学所说的既不是单纯的客体，而是在主体向客体投射的意向性活动中主体与客体之间的关系以及其所构成的世界'之说，岂不是也大有相似之处。"②叶氏之"世界"乃现象学意向性中之世界，是一种主体构成之世界与相互主体性之世界。其实，叶氏用"世界"阐释"境界"有其借鉴叔本华的根据，叔本华即说"世界是我的表象""世界是我的意志"，叔本华的"世界"即为主体的世界。他认为，"主体是世界的支柱"。因此，叔本华所谓的"世界"即是主体的意志的世界，与现象学之世界具有共同前提。叶氏"境界"乃"世界"之说，可以说是对于王国维"境界说"的当代新解。如果从中国语境理解，也可以将叶氏的"世界"之说理解为"天人合一"语境下的"世界"，是一种"与天地合其德"的"世界"。这，也许符合叶嘉莹乃至王国维的原意。

---

① 叶嘉莹：《叶嘉莹谈词》，南开大学出版社 2013 年版，第 87 页。
② 叶嘉莹：《叶嘉莹谈词》，南开大学出版社 2013 年版，第 133 页。

四、"要眇宜修"之美的艺术呈现

宋词"要眇宜修"境界之美的呈现在无比多姿多彩的词作之中，大体表现为婉约与豪放之别。明人张綖在《诗余图谱》中言道："词大略有二：一体婉约，一体豪放。盖词情蕴藉、气象恢弘之谓耳。然亦在乎其人，如少游多婉约，东坡多豪放。东坡称少游为今之词手，大抵以婉约为正也。"① 这里提出词体以"婉约为正"之问题，学术界多有争论。从历史实际来看，词之产生于唐末五代即以歌女之歌词呈现，当然是美女爱情，婉约为宗。宋词之发展，就因其"要眇宜修""低徊要眇以喻其致"，从而在某种特定空间中得到迅速发展。从宋初来看，词确然是以婉约为宗。那时词尚未成为正宗文体，不上大雅之堂，多是一种游戏之作。北宋后期，词逐渐进入正统文人视野，被纳入社会生活，遂变而为正宗。豪放之词应时代之需要，横空出世。但词之婉约仍然占据重要地位。即便是豪放派词人，还是以抒情为主，叙事与言志为辅，否则即是"以诗入词"，词便面临瓦解。正如《四库提要》所言："词自晚唐五代以来，以清切婉丽为宗。至柳永而一变，如诗家之有白居易；至轼而又一变，如诗家之有韩愈，遂开南宋辛弃疾一派。寻源溯流，不能不谓之别格。"②

先说宋词的婉约之美。宋沈义父在《乐府指迷》中指出，作词之标准，"音律欲其协，不协则成长短之诗；下字欲其雅，不雅则

---

① （清）王又华：《古今词论》，唐圭璋编《词话丛编》（第 1 册），中华书局 1986 年版，第 596 页。
② （清）纪昀总纂：《四库全书总目提要》，河北人民出版社 2000 年版，第 5449 页。

近乎缠令之体；用字不可太露，露则直突而无深长之味；发意不可太高，高则狂怪而失柔婉之意。"① 这可说是对于婉约之美的一种总结：协律、字雅、情长、意柔。现在来看李煜词。李煜是南唐后主，公元 974 年国亡被俘，成为宋朝的阶下囚。他的重要的词作多创作于这段时间。其词哀怨悲切，婉转悱恻，充满国破家亡之感慨，为词坛之佳作，被王国维多所称许。他的著名词作《虞美人》："春花秋月何时了，往事知多少。小楼昨夜又东风，故国不堪回首月明中。　　雕栏玉砌应犹在，只是朱颜改。问君能有几多愁，恰似一江春水向东流。"这首词是李煜被俘到汴京后所作，以"愁"字贯穿始终，表达其亡国与沦陷之愁。全词充满问句，自问自答，是一种心灵的叩击。小的方面的"愁"是其失国之痛，大的方面的"愁"是人类失去自由之痛。该词巧用虚字，如"只是""问君""恰似"等等，强化了物是人非、愁上加愁的感情，成为千古名词与千古名句。再如，写于同期的《浪淘沙》："帘外雨潺潺，春意阑珊。罗衾不耐五更寒，梦里不知是客，一晌贪欢。　　独自莫凭栏，无限江山，别时容易见时难。流水落花春去也，天上人间。"这是一首与江山永别之词，以"别"情贯穿始终，抒写家国沦亡之痛；以最美的词汇，表达了"天上人间"，家国无法再见的最深的痛苦。总之，上述两首词都表达的是一种"幽约隐微"之情，但却将其中的"忧愁"和"别离"提升到人类共有之高度，并以传达永恒愁情的名句镌刻在人们的心中，也许王国维说"后主则俨有释迦、基督担荷人类罪恶之意"，即言此也。

秦观被称为"婉约之宗"，是北宋婉约词的代表人物。陆侃如将秦观词的特点概括为"第一，凄绝；第二，婉约"②。先来看他

---

① （宋）沈义父：《乐府指迷》，唐圭璋编《词话丛编》（第 1 册），中华书局 1986 年版，第 277 页。
② 陆侃如：《中国诗史》，山东大学出版社 2009 年版，第 408 页。

的《江城子》："西城杨柳弄春柔。动离忧，泪难收。犹记多情，曾为系归舟。碧野朱桥当日事，人不见，水空流。 韶华不为少年留。恨悠悠，几时休。飞絮落花时候，一登楼。便做春江都是泪，流不尽，许多愁。"这是抒发"别恨"的恋歌，抒情主人公抒发他对早年恋人的无尽的思念。韶华流逝人已老，但离恨犹在无法排解，登楼远望春江，满江之水都化成流不尽的眼泪。秦观的《鹊桥仙》："纤云弄巧，飞星传恨，银汉迢迢暗度。金风玉露一相逢，便胜却人间无数。 柔情似水，佳期如梦，忍顾鹊桥归路。两情若是久长时，又岂在朝朝暮暮。"这首词借牛郎织女每年的短暂相聚传说写爱情的永恒。这是一种反写，以牛郎织女七夕相会的珍惜喻爱情的坚贞。爱情的永恒性是该词价值所在。词的反写，是作者的创意。李清照词以婉约缠绵著称。《如梦令》："昨夜雨疏风骤，浓睡不消残酒。试问卷帘人，却道海棠依旧。知否？知否？应是绿肥红瘦。"此词是李清照南渡前作品，表现了她慵懒的贵妇人生活。黄苏《蓼园词选》称："绿肥红瘦，无限凄婉，却又妙在含蓄。"[1]李清照后期的《声声慢》："寻寻觅觅，冷冷清清，凄凄惨惨戚戚。乍暖还寒时候，最难将息。三杯两盏淡酒，怎敌他、晚来风急。雁过也，正伤心，却是旧时相识。 满地黄花堆积，憔悴损，如今有谁堪摘。守着窗儿，独自怎生得黑。梧桐更兼细雨，到黄昏，点点滴滴。这次第，怎一个愁字了得。"该词集中反映了"要眇宜修，微言幽约，以喻其致"的美学特质。李清照充分发挥了词之抒情性、音乐性特点，以扣人心弦的语句表达了国破家亡后孤独凄凉的境遇。最后以"这次第，怎一个愁字了得"作结，成为千古名句。万树《词律》评道："此逋逸之气，如生龙活虎，非描塑可拟。

---

[1] 参见夏承焘选编《宋词三百首》，中华书局 2018 年版，第 191 页。

其用字奇横而不妨音律，故卓绝千古。"①

再看宋词豪放派之美。苏轼之词，打破了宋词婉约缠绵的传统，别开生面，走上豪放之旅。俞文豹《吹剑录》记载："东坡在玉堂日，有幕士善歌，因问：'我词何如柳七？'对曰：'柳郎中词，只合十七八女郎执红牙板，歌'杨柳岸晓风残月'；学士词，须关西大汉，铜琵琶，铁绰板，唱'大江东去'。东坡为之绝倒。"②此论绘声绘色地将苏词豪放之特征形象地表达出来。苏轼《念奴娇》："大江东去，浪淘尽、千古风流人物。故垒西边，人道是，三国周郎赤壁。乱石穿云，惊涛拍岸，卷起千堆雪。江山如画，一时多少豪杰。　　遥想公瑾当年，小乔初嫁了，雄姿英发。羽扇纶巾，谈笑间，强虏灰飞烟灭。故国神游，多情应笑我，早生华发。人生如梦，一樽还酹江月。"此词怀古抒怀，以对赤壁之战风采的怀想，抒发自己的报国立业之志。该词几乎完全是抒发豪放之志，"人生如梦"的感慨只是一种淡化的表达，有"隐约微言"，但不明显。本词境界宏阔，但言志压倒了抒情，显露出"以诗入词"之势。苏词亦有凄绝哀婉之作，其悼亡词《江城子》："十年生死两茫茫，不思量，自难忘。千里孤坟，无处话凄凉。纵使相逢应不识，尘满面，鬓如霜。　　夜来幽梦忽还乡，小轩窗，正梳妆。相顾无言，唯有泪千行。料得年年肠断处，明月夜，短松冈。"这是苏轼悼念亡妻病逝十年之作。先是抒发了悼念相思之痛，但更重要的是抒发了"千里孤坟，无处话凄凉"之情，这种满腔忧愁无处抒发的痛苦，无限悲凉凄婉。这应属于词所能表达的"微言幽隐"之"要眇宜修"。

豪放派通过自己的特殊方式在词作中体现了"诗直词婉"的特点。辛弃疾词充满报国立功的战斗精神与收复失土还我河山的豪迈

---

① 参见夏承焘选编《宋词三百首》，中华书局 2018 年版，第 197 页。
② 转引自章培恒主编《中国文学史》（中卷），复旦大学出版社 2008 年版，第 192 页。

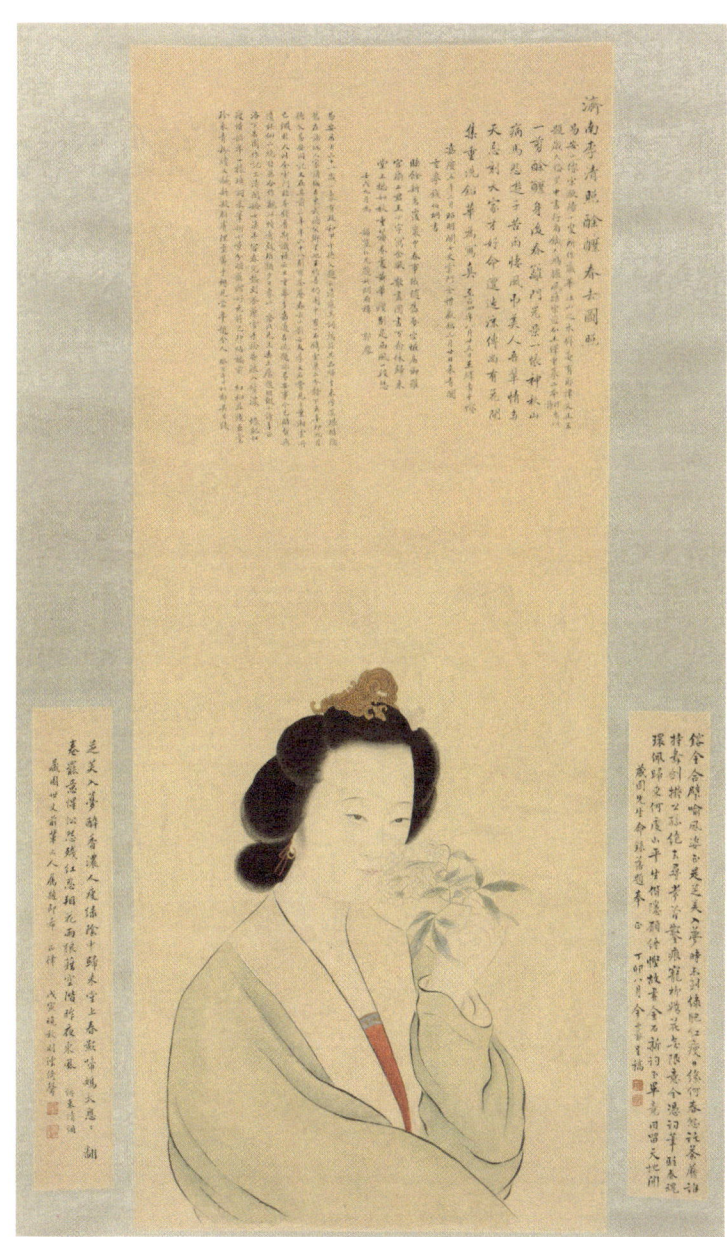

（清）元款《李清照画像》

宋词画谱

情怀。宋代刘克庄在《辛稼轩集序》中称颂辛词："公所作大声鞺鞳，小声铿鍧，横绝六合，扫空万古，自有苍生以来所无。"[1]辛弃疾《破阵子·为陈同甫赋壮词以寄之》："醉里挑灯看剑，梦回吹角连营。八百里分麾下炙，五十弦翻塞外声。沙场秋点兵。　马作的卢飞快，弓如霹雳弦惊。了却君王天下事，赢得生前身后名。可怜白发生。"该词是对于昔日沙场点兵、征战塞外激烈战斗的回忆。上片回忆当年沙场点兵，分食牛炙，瑟奏壮乐，威武雄浑；下片继续写当年战事，快马如飞，强弓霹雳，一心想为君王完成大业，博取效国的功名。但这一切均成往事，如今白发丛生，词人的不满之情跃然纸上。王国维对辛弃疾之词有很高的评价："幼安之佳处，在有性情，有境界。即以气象论，亦有'横素波，干青云'之概，宁后世龌龊小生所可拟耶？"[2]辛词亦有假借闺怨表达忧虑国事的凄婉一面。《祝英台近·晚春》："宝钗分，桃叶渡，烟柳暗南浦。怕上层楼，十日九风雨。断肠片片飞红，都无人管，倩谁唤、流莺声住。　鬓边觑，试把花卜归期，才簪又重数。罗帐灯昏，哽咽梦中语。是他春带愁来，春归何处。却不解、将愁归去。"这里词人借思妇之口，写思妇晚春之际在闺中看风雨时至，绿肥红瘦片片花落，流莺啼鸣声声报春归去，但斯人归期无定，音问难通，闺怨无尽，用以抒发国事难全、报国无期的愤懑之情。这是典型的豪放派词人的"要眇宜修"。

　　宋词的"境界"之美乃中国文学史之奇葩，美轮美奂，至今让人流连不已，它包含的境界之美、要眇宜修、弱德之美、婉约与豪放等美学范畴将永留青史，惠及后代。

---

[1] 引自蒋述卓等编：《宋代文艺理论集成》，中国社会科学出版社 2001 年版，第 1066 页。
[2] 王国维著：《人间词话译注》，施议对译注，岳麓书社 2008 年版，第 110 页。

第六章

书法的生命之舞：
中国特有的生命
抽象艺术

　　书法是中国特有的线的艺术，举世无双。在中国传统社会，书法是文人的生存方式之一。丰子恺赞扬书法是中国"最高的艺术"，是相对于作为"西部高原"的音乐的"东部高原"①。熊秉明更是肯定，"书法是中国文化核心的核心"②。我们中国人因为有书法这样的艺术而自豪。中国传统社会将书法提到很高的位置，甚至认为书法是国家之盛业。唐代书法家张怀瓘在《文字论》中言道："阐典坟之大猷，成国家之盛业者，莫近乎书。"③由此可见，书法在中国传统社会中地位之高。书法是我们中华民族特有的一种艺术形态与审美形态，当然也是中国传统"生生美学"的艺术呈现。

一、书法的生命艺术本质

　　书法艺术的本质是什么呢？一种说法认为，书法是现实生活的反映。这一观点突出了书法的象形特点。显然，这一看法是不符合中国书法的实际情况的。因为中国书法尽管包含了部分象形功能，但据许慎所言，中国文字有指事、象形、形声、会意、转注与假借

---

① 丰子恺：《艺术的园地》，萧培金编《近现代书论精选》，河南美术出版社 2014 年版，第 193—194、194 页。
② 熊秉明：《中国书法理论体系》，天津教育出版社 2002 年版，封面语。
③ （唐）张怀瓘：《文字论》，王伯敏等主编《书学集成·汉—宋》，河北美术出版社 2002 年版，第 197 页。

等六种功能，并非都是象形。而且，书法对于现实生活也不完全是一种象形的反映。另一种说法认为，书法犹如现代西画，是一种抽象的艺术。但中国书法并非运用西方抽象艺术的象征手法，而是一种特有的举世无双的东方艺术形式，既有象形之意，又得抽象之神。书法不是像西方抽象艺术那样凭借画面的抽象，而是呈现为一种线的走势、墨的浓淡、结体与布白的特有形态等等，是一种笔与墨的阴阳相生。因此，书法是中国特有的抽象艺术。

那么，书法是一种什么样的艺术呢？我们说，书法作为传统的中国古代艺术，运用古代艺术"一阴一阳之谓道"的特有的根本规律而产生一种生命之力，是一种中国古典的生命的艺术。林语堂说："书法不仅为中国艺术提供了美学鉴赏的基础，而且代表了一种万物有灵的原则。"[1]这种万物有灵的原则就是生命的原则，书法的艺术本质是东方的生命艺术。叶秀山认为，书法"是一种活动的线条的舞蹈，那么，很自然地就会以草书作为它的范本"[2]。叶先生的比喻十分恰当。首先，关于草书是书法艺术的范本的问题。张怀瓘曾将书法的发展归结为"母子相生，孳乳浸多"[3]，认为中国书法的发展是一种生命的历史的过程，在历史的长河中繁育发展，由甲骨到篆隶，至汉代出现草书，草书由章草到狂草，成为一种特有的艺术形式。这就使书法由艺术与应用相兼发展为纯艺术。有一种说法认为，书法在草书之前的篆、隶与楷的阶段没有艺术功能，只有到草书阶段才有艺术功能。这种说法也是不全面的。应该说，书法从甲骨文开始就已经具有某种艺术的功能。因为，其时，线的艺术特征已经形成，但仍然受到字体等规范的制约。只是到了草书阶

---

[1] 林语堂：《中国书法》，萧培金编《近现代书论精选》，河南美术出版社 2014 年版，第 164 页。
[2] 叶秀山：《说"写字"：叶秀山论书法》，中国人民大学出版社 2007 年版，第 90 页。
[3] （唐）张怀瓘：《文字论》，王伯敏等主编《书学集成·汉—宋》，河北美术出版社 2002 年版，第 197 页。

段，线才具有更多的自由的灵动性，呈现出变幻莫测的生命张力。可以说，草书集中地表现了书法之生命艺术的本质特征，成为鲜活而灵动的笔之舞蹈。唐代著名书法家张旭就因观公孙大娘舞剑器而草书大进，成为"草圣"。杜甫在《观公孙大娘弟子舞剑器行序》中写道："昔者吴人张旭，善草书帖，数常于邺县见公孙大娘舞西河剑器，自此草书长进，豪荡感激，即公孙可知矣。"杜甫在《饮中八仙歌》中写道："张旭三杯草圣传，脱帽露顶王公前，挥毫落纸如云烟。"在这里，杜甫已经将张旭称之为"草圣"了。书法史告诉我们，书法之中有"草圣"，但并无"隶圣"与"楷圣"等，说明草书之艺术含量与特殊地位。这里需要说明的是，唐代公孙大娘之剑器舞是一种中国古代的劲舞，其遒劲有力、虎虎有生气，恰能给草书的龙腾虎跃之势以启迪。对于草书的充满生命力的舞动之态，多见于唐代文献关于张旭之狂草的描绘。李颀《赠张旭》写道"兴来洒素壁，挥笔如流星"，形象地描绘了张旭在素壁前挥笔疾走如流星般狂写草书的状态，完全是一种充满生命力的舞蹈。韩愈更是在《送高闲上人序》中形象地描绘了张旭将生命感悟投入草书创作的状态。他说："往时张旭善草书，不治他伎。喜怒窘穷，忧悲愉佚，怨恨思慕，酣醉无聊，不平，有动于心，必于草书焉发之。观于物，见山水崖谷，鸟兽虫鱼，草木之花实，日月列星，风雨水火，雷霆霹雳，歌舞战斗，天地事物之变，可喜可愕，一寓于书。故旭之书，变动犹鬼神，不可端倪，以此终其身而名后世。"我们再来看东汉傅毅在《舞赋》中对古代之劲舞的描写："纤形赴远，漼似摧折。纤縠蛾飞，纷猋若绝。超逾鸟集，纵弛殟殁。委蛇姌袅，云转飘曶。体如游龙，袖如素霓。"将这些描写与唐人对张旭草书形态之描写相对比，可以看出书法，特别是草书与古之劲舞何其相似。

因此，我们可以说，书法是笔的生命之舞。

书法，特别是草书的生命之力，主要来自中国古代艺术特有的"一阴一阳之谓道"的生命之力。《周易》有言："一阴一阳之谓道，继之者善也，成之者性也。"（《系辞上》）说明"一阴一阳"交通感应动变之"道"为一切事物与艺术之道，即根本规律，遵循这一规律就能取得成功，成功地运用这一规律是因为人的顺应自然的本性。由此说明，阴阳之道是事物与艺术的根本之道，是阴阳对立中的生命之道。书法作为线的艺术，恰是通过线之迟速、浓淡、白黑、粗细之对比，表现一种生命之力。蔡邕在《九势》中说道："夫书肇于自然，自然既立，阴阳生焉。阴阳既生，形势出矣。藏头护尾，力在其中。下笔用力，肌肤之丽。故曰：势来不可止，势去不可遏，惟笔软则奇怪生焉。"[1]蔡邕认为，书法之妙源于自然。这里的"自然"，有人解释为"自然界"，其实是一种阴阳相生的自然法则。"自然既立，阴阳生焉"，说明阴阳相生是一种自然法则。所谓"阴阳既生，形势出矣"，说明阴阳相生才产生笔之势。"藏头护尾，力在其中"，说明笔锋的两头藏锋，在藏与收、逆与顺的阴阳对立中做到"力在其中"与"肌肤之丽"的结合，书法作品才能绽放出生命的光丽。所谓"势来不可止，势去不可遏，惟笔软则奇怪生焉"，说明书法奇妙的生命之力来源于中国书法所用之笔，这是一种软性的毛笔，这种软性的毛笔使得书法家能够发挥无限的创造力，创作出富有无限生命力的笔之舞蹈。毛笔成为笔之生命之舞的重要工具。所谓"工欲善其事，必先利其器"，毛笔就是伟大的中国书法艺术彰显生命力的利器。

这里还有一个问题需要说明，那就是书法与国画的工具都是

---

[1]（汉）蔡邕：《九势》，潘运告编注《中国历代书论选》（上册），湖南美术出版社 2007 年版，第 9 页。

毛笔，自古就有"书画同源"之说。两者确有相同之处，它们不仅使用相同的工具，而且都是中国传统艺术的组成部分，都是线的艺术，而阴阳之道与气韵生动又是它们的共同旨归。但书与画之用笔，还是有着明显的差异。首先，国画需要借助外在的现实图像，而书法之象不是现实图像，而是一种特有的线之运动；其次，国画在方法上是一种描绘，是可逆的，而书法则是生命的书写、时间的流淌，是不可逆的。总之，一个是画，一个是字。尽管宋元之后题款题词成为绘画的重要组成部分，也使书画相映成趣，但书画毕竟不能等同。

二、"笔势"的生命之美

书法的生命之美的基本表征由"笔势"所体现，"笔势"成为书法美学最基本的范畴。康有为说："书法之妙，全在运笔。"又说："古人论书，以势为先。"① 所谓"势"，是指一种书法笔画的带有方向性的趋势，也是一种力的呈现。"笔势"既是一种趋向性的笔之走向，也是一种笔力的表现，是生命力的呈现。有学者指出，"力，指书法线条形体中蕴含的一种可感的力量。势，指书法线条形体中呈现的一种运动的趋势。力，主要表现为内蓄；势，主要表现为外露。力是势的基础，势是力的显示。它们都是构成书法本体的重要因素，共同孕育和展现出书法艺术的生命色彩，也是直接使人精神上产生

---

① 康有为：《广艺舟双楫·缀法》，王伯敏等主编《书学集成·清》，河北美术出版社2002年版，第662、664页。

刺激和振奋的原因所在"①。

东汉时期著名书法家崔瑗在我国最早的书法论文《草书势》中对于草书之笔势进行了形象而生动的描述。崔瑗根据"观其法象"的原则，论述了草书特殊的外观，即一种非对称性的形态。他说："方不中矩，圆不中规。抑左扬右，望之若欹。兽跂鸟跱，志在飞移；狡兔暴骇，将奔未驰。或黝黩点黵，状似连珠，绝而不离。"这里讲了两种非对称性的法象：一种是方圆左右不对称，犹如人之耸肩，鸟之待飞，兔之欲奔；一种是线之似断似连，绝而不离，实则是意念中一线相贯。这都是草书笔势的趋向性特点，实则是两种趋向性，即力的趋向与方向的趋向。人之耸肩、鸟之待飞、兔之欲奔，是一种力的趋向；而线之绝而不离，则是一种方向的趋向。两种笔势的结合，最终导致了一种力的呈现，所谓"或凌邃惴栗，若据高临危。旁点邪附，似螳螂而抱枝。绝笔收势，余绖纠结。若山蜂施毒，看隙缘蠛，腾蛇赴穴，头没尾垂"等等。崔瑗最后强调了草书的自由性的特点，即所谓"一画不可移"②。

魏晋时卫夫人写有著名的《笔阵图》，将书法比喻为行军打仗之列阵。王羲之的《题卫夫人〈笔阵图〉后》一文，以战争之中的两军对阵厮杀说明笔势之力。军阵之刀剑齐举，来往杀戮，你死我活，刀刀用力，剑不落空，充满杀伐之势。而笔势的杀伐之力表现为："夫纸者，阵也；笔者，刀矟也；墨者，鍪甲也；水砚者，城池也；心意者，将军也；本领者，副将也；结构者，谋略也；飐笔者，吉凶也；出入者，号令也；屈折者，杀戮也。"③王羲之将书法比作战阵，以战争中之列阵、刀矟、鍪甲、城池比喻战争有形的物质器物，又

① 韩盼山：《书法辩证法释要》，河北大学出版社 2001 年版，第 41 页。
② （汉）崔瑗：《草书势》，王伯敏等主编《书学集成·汉—宋》，河北美术出版社 2002 年版，第 2 页。
③ （晋）王羲之：《题卫夫人〈笔阵图〉后》，王伯敏等主编《书学集成·汉—宋》，河北美术出版社 2002 年版，第 26 页。

以将军、副将、谋略比喻战争之无形的内容，再以吉凶、杀戮比喻战争之过程与后果，可谓绘声绘色，将书法的力的艺术与生命艺术特点彰显无遗。

笔势在书法实践过程中落实到落笔结字之上，即具体的写法之上。蔡邕在《九势》中归结了九种可使书写过程中"无使势背"的笔法，也就是在书写过程中不使背离笔势的力之趋势。具体言之，就是落笔结字之"递相映带"，转笔之"左右回顾"，藏锋之"欲左先右"，藏头之"笔心常在点画中行"，护尾之"画点势尽，力收之"，疾势之先慢后快，掠笔之"趱锋峻趯用之"，横鳞之"竖勒之规"等。①需要说明的是，蔡邕此处着重讲的是隶篆。相对来说，草书的笔势，体现在用笔上更加自由放松，笔力也会更加强劲。

书法之笔势呈现出一种特有的生命韵律与节奏，这是一种生命的样态、生命艺术的基本特征。书法笔势之起落、放收、浓淡、曲折、蜿蜒、虚实、黑白等，都如生命活动之一呼一吸，起伏有序。这就是东方艺术，特别是书法艺术特有的规律与特征，犹如舞蹈，也像音乐。叶秀山说："书法艺术在技术上的特点，就在于线条按照既定的字形结体运动，这就是'势'。'势'是指线条按字体形状的运动的韵律和趋向。"因此，书法可以说是"看得见的音乐"。②叶先生之所言切中要旨。对于线条之生命呼吸之特点，清人沈宗骞在《芥舟学画编·取势》中有比较精致的说明："天地之故，一开一合尽之矣。自元会运世，以至分刻呼吸之顷，无往非开合也。""笔墨相生之道，全在于势。势也者，往来顺逆而已。而往来顺逆之间，即开合之所寓也。生发处是开，一面生发，即思一面收拾，则处处

① （汉）蔡邕：《九势》，潘运告编注《中国历代书论选》（上册），湖南美术出版社 2007 年版，第 9 页。
② 叶秀山：《说"写字"：叶秀山论书法》，中国人民大学出版社 2007 年版，第 72、74 页。

有结构而无散漫之弊。收拾处是合，一面收拾，又即思一面生发，则时时留余意而有不尽之神。"又说："作书发笔，有欲直先横、欲横先直之法。作画开合之道亦然。如笔将抑，必先作俯势；笔将俯，必先作仰势。以及欲轻先重，欲重先轻，欲收先放，欲放先收之属，皆开合之机。"①沈宗骞这里主要讲绘画的"取势"问题。书画虽异，但它们不仅都使用线条，而且也都具有共同的生命韵律的特点。因而，在"取势"问题上，二者有相通之处。沈宗骞所说的"欲仰先俯""欲俯先仰"等，正是阴阳开合之道，是书法笔势必有的创造规律。清人笪重光在《书筏》中说道："起笔为呼，承笔为应。或呼疾而应迟，或呼缓而应速。"又说："将欲顺之，必故逆之；将欲落之，必故起之；将欲转之，必故折之；将欲掣之，必故顿之；将欲伸之，必故屈之；将欲拔之，必故摩之；将欲束之，必故拓之；将欲行之，必故停之。书亦逆数焉。"②总之，书法笔势的开合、起承、呼吸与逆应等，正是生命艺术的基本特征。

有学者曾言，书法艺术是"笔势流程式的时间性艺术"③。正是因为笔势是书法艺术最主要的艺术手法与特征，所以笔势的趋向性就必然形成一种时间性。书法的书写是一种时间的过程，这种过程性记录在书法艺术之中，表现为笔势的疾迟、顿挫与墨的浓淡、转折。这是一种生命的绵延。人们在形容唐代书法家怀素的草书时写道，"奔蛇走虺势入坐，骤雨旋风声满堂"（张渭《赠怀素》），"笔下唯看激电流，字成只畏盘龙走"（朱遥语，见怀素《自叙帖》）。这里的奔蛇走虺、骤雨旋风、激电之流、盘龙飞走等等，都是一种

① （清）沈宗骞：《芥舟学画编》，王伯敏等主编《书学集成·汉—宋》，河北美术出版社2002年版，第602、603、603—604页。
② （清）笪重光：《书筏》，王伯敏等主编《书学集成·清》，河北美术出版社2002年版，第21页。
③ 陶尔圣：《对书法艺术的时间性领悟——兼析书法创作中的空间理性误区》，《哲学动态》2012年第11期。

历时性的描写，是一种过程。书法创造也是一种历时性过程，事后是难以追摹的。当时人们描写怀素创作狂草，就是一种"此在"式的行为，所谓"心手相师势转奇，诡形怪状翻合宜。人人欲问此中妙，怀素自言初不知"（戴叔伦语，见怀素《自叙帖》），所谓"狂来轻世界，醉里得真如"（钱起语，见怀素《自叙帖》）。笔势的时间性特点，还表现在笔势决定了书法的结体与布白。众所周知，书法艺术有笔势、结体与布白三要素。笔势是书法之笔的走向与疾迟，结体是字的构成，而布白则是书法的格局分布、安排等等。笔势是一种时间的走向，而结体与布白则是一种空间的布置。书法艺术的笔势决定了结体与布白，时间决定了空间。如果忽视了书法艺术的时间艺术特点，忽视其时间决定空间的特点，而将结体与布白放到笔势之前，必然脱离书法艺术的基本轨道而走偏方向，某些绘画式的书法就是走偏方向的表现。《文心雕龙·定势》篇尽管讲的是文体之势，但也涉及时间决定空间的道理。所谓"情致异区，文变殊术，莫不因情立体，即体成势也"，说明空间性的文体的变化来自时间性的情致。清人沈道宽曾言："用笔之法，不越仰俯、向背、开合、贯串、避让诸诀，而结体已寓其间。"[①] 这说明，用笔决定了结体，时间决定了空间。蒋衡更明确地指出，"有从无笔墨处求之者，曰意，曰气，曰神，曰布白。从有笔墨处求之者，曰丝牵，曰运转，曰仰覆向背、疏密、长短、轻重疾除，参差中见整齐，此结体法也"[②]。如果不重视书法的笔势，只能将意、气、神与布白等作为整体性书法艺术一体的内涵一个个孤立起来，分割开来；而重视书法笔势，则是将之融为一体，构成丝牵、运转、仰覆等笔之走势，而结体也

① （清）沈道宽：《八法笺蹄》，王伯敏等主编《书学集成·清》，河北美术出版社 2002 年版，第 473 页。
② （清）蒋衡：《书法论》，王伯敏等主编《书学集成·清》，河北美术出版社 2002 年版，第 225 页。

就寓于其中。这就说明，书法作为线的时间的艺术在时间的流逝中结构了空间，解决了结体与布白的问题。如果将之分割，则反而弄巧成拙，走向反面。

总之，书法的这种由笔势所奠定的线性之美，奠定了中国古代美学线性美与时间美的基础。诚如元代陈绎曾所言，"势，形不变而势所趋背，各有情态，以一为主，而七面之势倾向之也"[①]。这说明，线性美是一种由笔势决定的、以历时性"一"为主而其他七个方向都向其倾力的艺术形态。这是一种历时的、不可逆的、在时间中记录了生命的美学。

三、"筋血骨肉"的古典形态身体美学

书法笔势以其特有的趋向走势、点画的轻重与形态的蜿蜒曲折，仿佛构成人的筋血骨肉，刚劲有力，形成一种特有的古典形态的身体－生命之美。这是中国书法特有的美学与艺术特征，是东方的古典形态身体美学。宗白华指出，"中国古代的书家要想使'字'也表现生命，成为反映生命的艺术，就须用他所具有的方法和工具在字里表现出一个生命体的骨、筋、肉、血的感觉来。但在这里不是完全像绘画，直接模示客观形体，而是通过较抽象的点、线、笔画，使我们从情感和想象里体会到客体形象里的骨、筋、肉、血，就像音乐和建筑也能通过诉之于我们情感及身体直感的形象来启示人类

---

① (元) 陈绎曾：《翰林要诀》，王伯敏等主编《书学集成·元一明》，河北美术出版社 2002 年版，第 170 页。

的生活内容和意义"①。可见，书法的所谓"筋肉骨血"，是通过抽象的点、线、笔画形成的想象中的筋血骨肉。

最早提出书法之"筋血骨肉"问题的，是魏晋时之卫夫人。她在《笔阵图》中说道："善笔力者多骨，不善笔力者多肉；多骨微肉者谓之筋书，多肉微骨者谓之墨猪；多力丰筋者圣，无力无筋者病。"②这里提出骨、肉与筋三个范畴，都是用以形容笔力的。所谓"骨"，是指善笔力，是一种笔力强劲之意；所谓"肉"，是指不善笔力者，是一种笔力贫乏之意。"多肉微骨"者犹如一头肥满乏力的猪，这一比喻非常形象，常被后代书评者袭用，形容那种笔力软弱、字形臃肿之书体；所谓"筋"，指笔迹的瘦劲，与笔力联系在一起，因此有"多力丰筋者圣，无力无筋者病"的说法。总之，卫夫人所强调的筋骨肉之美，崇尚一种笔力强劲之美。元代陈绎曾在《翰林要诀》中特别提出"血法"，指出"字生于墨，墨生于水，水者字之血也。笔尖受水，一点已枯矣。水墨皆藏于副毫之内，蹲之则水下，驻之则水聚，提之则水皆入纸矣。捺以匀之，抢以杀之、补之，衄以圆之。过贵乎疾，如飞鸟惊蛇，力到自然，不可少凝滞，仍不得重改"③。所谓"血"，主要指水墨之用，要求既不可使之枯，亦不可使之聚，做到"如飞鸟惊蛇，力到自然，不可少凝滞，仍不得重改"，还指具有一种力道自然、飞鸟惊蛇之美，是一种恰当的力之美。总之，书法之筋血骨肉是对于强劲笔力的一种比喻，是根据人的生命与身体之美的对书法之美的形象比喻。康有为在《广艺

① 宗白华：《中国书法里的美学思想》，王德胜编选《宗白华美学与艺术文选》，河南文艺出版社2009年版，第111页。
② （晋）卫铄：《卫夫人笔阵图》，王伯敏等主编《书学集成·汉—宋》，河北美术出版社2002年版，第23页。
③ （元）陈绎曾：《翰林要诀》，王伯敏等主编《书学集成·元—明》，河北美术出版社2002年版，第162页。

舟双楫》中指出，"书若人然，须备筋骨血肉，血浓骨老，筋藏肉莹，加之姿态奇逸，可谓美矣"①。唐代徐浩在《论书》中更加明确地论述了筋骨之重要，他说："初学之际，宜先筋骨。筋骨不立，肉何所附？"②晋代杨泉明确地将"骨"比喻为人的脊柱、建筑的柱基，他在《草书赋》中说："其骨梗强壮，如柱础之丕基。"③刘勰在《文心雕龙·风骨》篇中指出，"故辞之待骨，如体之树骸"，将"骨"看作文章的脊梁。同样，"骨"也是书法的脊梁。

书法的"筋血骨肉"之说，是中国古代的一种古典形态的身体美学。它首先表现于由笔势所决定的书法的形态之上，同时也表现于书法的创作之上。书法的创作是一种以手运笔、"身笔合一"的创作过程。这种"身笔合一"，也是一种古典形态的身体美学。清代包世臣在《自题〈笔阵图〉》诗中说道："全身精力到毫端，定气先将两足安。悟入鹅群行水势，方知五指力齐难。"④这是说用笔之"身笔合一"，书写过程中需要全身精力集中到笔毫之端，行笔之时需要集中气息，两足踏地着力，不可悬空，全身着力于手掌，犹如鹅之行水之势，前脚着力，奋力前行，五指齐力前推。这就形象地描写了书法之"身笔合一"的书写过程。宋人姜夔则在《续书谱》中更加具体地阐述了"身笔合一"的具体要领："执之欲紧，运之欲活。不可以指运笔，当以腕运笔。执之在手，手不主运；运之在腕，腕不主执。"⑤这里突出了腕是"身笔合一"的关键。这样的"身

---

① （清）康有为：《广艺舟双楫》，王伯敏等主编《书学集成·清》，河北美术出版社 2002 年版，第 656 页。
② （唐）徐浩：《论书》，王伯敏等主编《书学集成·汉—宋》，河北美术出版社 2002 年版，第 268 页。
③ （晋）杨泉：《草书赋》，王伯敏等主编《书学集成·汉—宋》，河北美术出版社 2002 年版，第 44 页。
④ （清）包世臣：《艺舟双楫》，王伯敏等主编《书学集成·清》，河北美术出版社 2002 年版，第 442 页。
⑤ （宋）姜夔：《续书谱》，王伯敏等主编《书学集成·汉—宋》，河北美术出版社 2002 年版，第 622 页。

笔合一"之用笔，达到笔笔着力、力透纸背的效果。陈绎曾提出了执笔的"拨镫法"："拨镫法，笔管著中指名指尖，圆活易转动也。镫即马镫，笔管直，则虎口开如马镫也。又足踏马镫浅，则易出入；手执笔管亦欲浅，则易拨动也。"①这就将"身笔合一"更加具体化了，要求用笔犹如马镫，足踏马镫浅易于出入着力。拨镫法还要求用笔犹如拨灯芯，既着力又不用死力，点到为止；又要求做到笔管在中指与无名指间，依凭虎口，这样就能有既易着力又易转动之优势，从而做到笔笔有力。

　　总之，我国 1700 多年前提出的书法艺术"筋血骨肉"之理论，从形体论与创造论的不同角度论述了书法艺术中的古典形态的身体美学，彰显了东方美学特有的内涵与魅力。这种美学观念，即使到今天，也仍然不过时。书法艺术在今天仍然是活的艺术，"筋血骨肉"的古典形态身体美学对于建设当代具有强健体魄的民族艺术与民族美学都具有重要价值。

四、"波势"的形态之美

　　"波势"，或称"波磔"，是指书法笔画的起伏绵延、轻重缓急，它构成中国书法特有的形体之美。"波势"与笔势有关，是笔势呈现的一种形态。但笔势重在笔之趋势的力量，是一种力量之美，而"波势"则呈现为于书法之形态，是一种形体之美。"波磔"之"波"

---

① （元）陈绎曾：《翰林要诀》，王伯敏等主编《书学集成·元—明》，河北美术出版社 2002 年版，第 203 页。

指左撇，"磔"指右捺，结合起来就是指书法之笔画，是一种形态之美。曹利华指出，"波势是书法线条、结体、章法美的重要因素，是文字与书法的主要区别所在，是书法美与不美的衡量尺度"①。"波势"或"波磔"，也可称作起伏波折，从汉代隶书开始才有波磔，直到魏晋时期真、楷、草等书法形体出现，波磔进一步发展成熟。邓以蛰指出，"又如汉分乃有波磔。波者言横笔有波动起伏之意；磔者言笔之收势，如横笔之作捺势，直笔之作垂势。总之，波磔指分书之姿态不似篆势之均匀平板之处。若究波磔之所由来，则毛笔之使然也。……人之所用笔者，正求其整齐美观，如秦石汉碑莫不然者，此篆隶之所以为形式美之书体也"。又说："魏晋之际，一方面汉魏之交书家辈出，书法已完全进入美术之域，笔法间架，讲究入神，如卫夫人之笔阵。他方面，魏晋人士浸润于老庄思想，入虚出玄，超脱一切形质实在，于是'逸笔余兴，淋漓挥洒，或妍或丑，百态横生'之行草书体，照耀一世。"②从汉隶八分之开始有波磔，到章草之"逸笔余兴，淋漓挥洒，百态横生"，可谓书法之波势发展到极致，其形体之美，也照耀一世。唐太宗李世民在评论王羲之书法时，指出："详察古今，研精篆素，尽善尽美，其唯王逸少乎！观其点曳之功，裁成之妙，烟霏露结，状若断而还连；凤翥龙蟠，势如斜而反直。玩之不觉为倦，览之莫识其端。"③李世民将王羲之书法之波势概括为"烟霏露结，若断还连，凤翥龙蟠，如斜反直"。所谓"烟霏露结"，是一种总体上对王羲之字的感觉，是一种烟云弥漫、云蒸霞蔚的美感。"凤翥龙蟠"等则点出了王羲之字的绵延曲折、若断若连、若斜若直，龙飞凤舞之神奇状态。可见，王羲之

① 曹利华：《美学与书法经典探寻》，中央编译出版社2013年版，第115页。
② 邓以蛰：《书法之欣赏》，《邓以蛰全集》，安徽教育出版社1998年版，第166页。
③（唐）李世民：《王羲之传赞》，王伯敏等主编《书学集成·汉一宋》，河北美术出版社2002年版，第101页。

书法在波势上曲尽其妙，美不胜收。

具体说来，书法的波势是一种不平衡的状态，由篆而隶而章草而狂草，即一个由平衡到不平衡的过程，也是书法艺术内在的生命之力由弱到强的过程。崔瑗在《草书势》中已经谈到了草书之方不中矩、圆不中规、抑左扬右等不平衡之特点。魏晋时期书法突变，钟繇则在《用笔法》中用"八分"概括当时隶书之形态："繇解三色书，然最妙者八分也。点如山摧陷，摘如雨骤，纤动如丝，轻如云雾，去若鸣凤之游云汉，来若游女之入花林，灿灿分明，遥遥远映者矣。"[1] 隶书之八分，即不平衡的形态。关于"八分"，历来有多解。但看钟繇的上述说法，应是由笔势之相背所呈现的不平衡的书法整体形态。胡小石说："八分之八，在此不可读为八九之八，乃以八之相背，状书之势者。"又说："今人言八，犹以拇指与食指分张，示相背之意，故知'八分'者非言数而言势。……盖字形有以波挑翩翻为美者。"[2] 当然，发展到草书，波势中的相背之处比比皆是，并形成龙飞凤舞之状。

书法波势之形成显然受到自然界各种曲折奇巧、富含力度的形状之启发，它在书法整体构成中形成各具特色的形态，如银钩虿尾、屋漏痕、锥画沙等等，展现出无限的生命力量。晋人索靖自称其书为"银钩虿尾"。宋人姜夔在《续书谱·用笔》中生动地描写了波势对于各种自然现象的模仿。他说："用笔如折钗股，如屋漏痕，如锥画沙，如壁坼。……折钗股者，欲其屈折圆而有力；屋漏痕者，欲其无起止之迹；锥画沙者，欲其匀而藏锋；壁坼者，欲其无布置之巧。然皆不必若是，笔正则锋藏，笔偃则锋出，一起一倒，一晦

---

[1] 见王伯敏等主编《书学集成·汉一宋》，河北美术出版社 2002 年版，第 11 页。
[2] 胡小石：《书艺略论》，萧培金编《近现代书论精选》，河南美术出版社 2014 年版，第 75–76、76 页。

一明，而神奇出焉。"①折钗股者是一种弯曲之象，屋漏痕者是曲折而绵延之态，锥画沙者是藏而不露之形状，壁坼者隐喻一种壁与壁之间的自然之界，无布置之巧，自然成趣。这些形态体现了笔锋之藏偃、笔势之起伏与笔墨之晦明等等不平衡之波势。这种不平衡就构成一种隐含的力量，使其波势起伏有力。用西方格式塔心理学之理论理解，自然现象之曲折包含着一种有倾向性的力，书法的波磔与自然世界、社会生活的某些形态构成同形同构，并因此与人的心理之中的力量构成同形同构，于是就成为一种力量的象征。

书法波势的不平衡性蕴含着无限的力量，成为其生命美学的形体原因，也是草书之所以特具生命之力的原因。因为草书，尤其是狂草可以说彻底打破了书法的平衡性，因而就更富含强劲的有倾向的张力。

五、"神彩为上"的神韵之美

从书法本体来讲，有"神彩"与"形体"两个部分。在两部分的关系中，传统书法理论认为，"神彩为上，形质次之"。南朝王僧虔在《笔意赞》中指出，"书之妙道，神彩为上，形质次之，兼之者方可绍于古人"②，认为只有做到了"神彩"与"形质"兼备，才能成为古人的继承者。唐代张怀瓘《书议》亦言："风神骨气者

---

① （宋）姜夔：《续书谱》，王伯敏等主编《书学集成·汉—宋》，河北美术出版社2002年版，第621—622页。

② （南朝宋）王僧虔：《笔意赞》，潘运告编注《中国历代书论选》（上册），湖南美术出版社2007年版，第68页。

居上，妍美功用者居下。"① 这里，"风神骨气"是一种内在的风姿神韵与刚劲之力，亦是"神彩"之意。为了做到"神彩为上"，唐欧阳询提出了著名的"意在笔先"的主张。他在《八诀》中说道："澄神静虑，端己正容。秉笔思生，临池志逸。虚拳直腕，指齐掌空。意在笔先，文向思后。"② 欧阳询认为，书法首先要做到"澄神静虑"，即把自己的思想集中起来，放下各种杂虑，所谓"书者散也"，散其心怀，达到道家所谓"心斋"的境界。然后身体也要放松，即虚拳实掌，指齐掌空，这样才能做到"意在笔先，文向思后"。

　　"神彩为上"的原则，成就了中国书法艺术特有的神韵之美。也就是说，书法之美几乎与书法的内容没有直接的关系，这是中国书法艺术所特有的。当然，书写内容对于形成书法之意仍具有一定的作用。例如，王羲之所写的《兰亭序》"丰神疏逸，姿致萧朗"，与《兰亭序》一文所写的春光之明媚、气氛之祥和，以及作者超旷之情怀等就显然有某种关系。但总体上，书法本身的美与书写内容无直接之关系。五代杨凝式的《韭花帖》，内容是表现午睡刚起，恰逢有人送来韭花食品，既可充饥，也甚为可口，故书写以示谢意。这样的特别家常的内容，与其书法的"萧散有致"并无直接关系。总的来说，书法艺术的美是在书写内容之外的，是一种形外之意、味外之旨、神韵之美。

　　在书法理论之中，"意"与"神彩"是同格的。"意"为书家的内在的精神，正如扬雄所言"书，心画也"，而"神彩"则是"意"内蕴于书法形体之中。这就说明，中国书法艺术是一种特有的"神韵式艺术"，相异于西方古代写实的"镜像式艺术"。这里的"意"

---

① （唐）张怀瓘：《书议》，王伯敏等主编《书学集成·汉—宋》，河北美术出版社 2002 年版，第 193 页。

② （唐）欧阳询：《八法》，王伯敏等主编《书学集成·汉—宋》，河北美术出版社 2002 年版，第 112 页。

与"神彩"尽管与书体密切相关，但却是一种味外之旨、言外之意、字外之神。"意"与"神彩"来自书者的修养。清人刘熙载在《书概》中说道："书，如也。如其学，如其才，如其志，总之曰如其人而已。"① 也就是说，"神彩"来源于书者的修养与精神状态，来源于书者的精神寄托。张怀瓘在《书议》中结合草书论述了这种书者的修养和寄托，他说："草则行尽势未尽。或烟收雾合，或电激星流，以风骨为体，以变化为用。有类云霞聚散，触遇成形；龙虎威神，飞动增势。岩谷相倾于峻险，山水各务于高深；囊括万殊，裁成一相。或寄以骋纵横之志，或托以散郁结之怀；虽至贵不能抑其高，虽妙算不能量其力。是以无为而用，同自然之功；物类其形，得造化之理。皆不知其然也。可以心契，不可以言宣。观之者似入庙见神，如窥谷无底，俯猛兽之牙爪，逼利剑之锋芒。肃然危然，方知草之微妙也。"② 这段论述大体分三层意思，第一层是说草书之形，可谓云霞聚散，龙腾虎跃，囊括万殊，裁成一相。第二层是论草书之意。由草书之形体所寄托之意可谓极为丰富，有壮志凌云、纵横驰骋之志，也有郁郁不得其志的苦闷心怀；有贵不可及的富贵心态，也有极富奇妙的计算心机。第三层摹草书之神。草书之神是一种类同于自然万物的无用之大用，也可以说是得到了天地造化之理，是无法把握日常生活规律的特殊的艺术奥妙。对于这种神韵可以意会，不可言传，如庙中之神灵、无尽之深谷，也如猛兽之牙爪、宝剑之锋芒，让人肃然起敬、肃然生威。这就是草书之神彩的微妙之处。这一段话，可谓将草书之神彩惟妙惟肖地道出，极富启发意义。

　　书法之意与神彩要求有"气"贯串其中，因为只有"气"才能

---

① （清）刘熙载：《书概》，王伯敏等主编《书学集成·清》，河北美术出版社 2002 年版，第 530 页。
② （唐）张怀瓘：《书议》，王伯敏等主编《书学集成·汉—宋》，河北美术出版社 2002 年版，第 194—195 页。

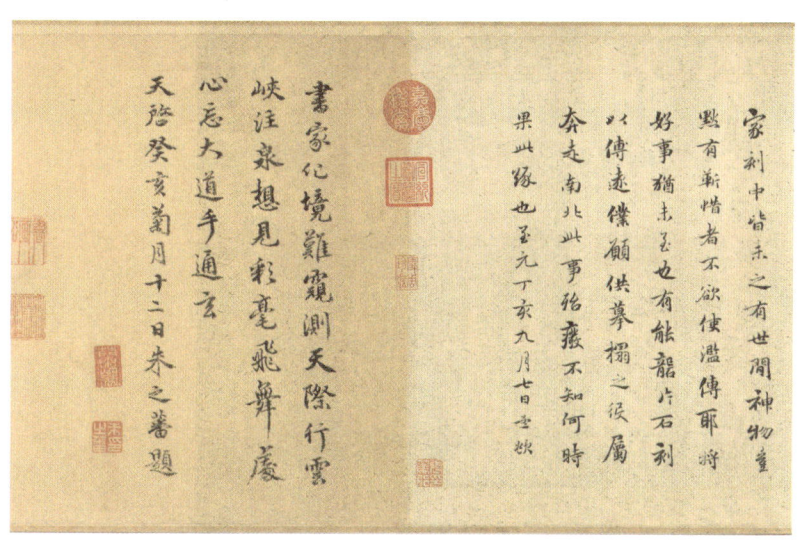

（东晋）王羲之《兰亭序》（冯承素摹本）

（唐）颜真卿《多宝塔碑》局部（二玄社版）

表现出书法的生命之力与书法创作是一种生命的活动。刘熙载在《游艺约言》中说道："诗文书画皆生物也，然生不生，亦视乎为之之人，故人以养生气为要。"[①] 在他看来，书法的生命，即"生与不生"，完全是由创作书法之人决定的。创作之人，即书者，养其生气，书法作品自会有其饱满之生气。生气贯通于笔墨之中，清何绍基在《东洲草堂论书钞》中说道："气何以圆？用笔如铸元精，耿耿贯当中，直起直落可也，旁起旁落可也，千回万折可也，一戛即止亦可也。气贯其中则圆，如写字用中锋然。一笔到底，四面都有，安得不厚？安得不韵？安得不雄浑？安得不淡远？"[②] 这说明只有"气贯其中"才能达到"意在笔先"与"神彩为上"，"意"与"神彩"的根源在"气"。

同时，书法之"神彩"实际上体现于书法所表现的感情之中。作为艺术品，抽象之意体现于可以将之具象之情中。志向、意志等等是更加抽象的思想，只能表露于喜怒哀乐的情感之中。书法之情感表现也只能表现于起伏曲折的线条与浓淡粗细的墨迹之中。刘勰在《文心雕龙·神思》篇中说："夫神思方运，万途竞萌；规矩虚位，刻镂无形。登山则情满于山，观海则意溢于海；我才之多少，将与风云而并驱矣。""神思"的运行是在字里行间将其无形与虚位之处填满，而其填入的只能是可以具象的情感，而不是更加抽象的思想与意志。刘勰所谓"登山"与"观海"之"神思"实际上是一种情感活动。上文提到的张怀瓘《书议》中所言的纵横驰骋、郁结之怀、位高志满、妙算计较等等，其实也是一种由草书笔势所呈现的情怀。张怀瓘在《书断》中对王献之的评价，就集中体现了书者的情感与性情对于书法神彩之影响。他说，王献之"偶其兴会，则

---

① 毛万宝、黄君主编《中国古代书论类编》，安徽教育出版社 2009 年版，第 438 页。
② 毛万宝、黄君主编《中国古代书论类编》，安徽教育出版社 2009 年版，第 436 页。

触遇造笔，皆发于衷，不从于外，亦由或默或语，即铜鞮伯华之行也。初，谢安请为长史，太康中新起太极殿，安欲使子敬题榜，以为万世宝，而难言之，乃说韦仲将题凌云台事。子敬知其指，乃正色曰：'仲将，魏之大臣，宁有此事？使其若此，知魏德之不长。'安遂不之逼。子敬五六岁时学书，右军潜于后，掣其笔，不脱，乃叹曰：'此儿当有大名。'遂书《乐毅论》与之。学竟，能极小真书，可谓穷微入圣，筋骨紧密，不减于父。如大字，则尤直而少态，岂可同年；惟行、草之间，逸气过也"①。此段说明，王献之先天之耿直诚实的情感秉性，使之创作时"皆发于衷，不从于外"，也使其书法艺术"穷微入圣，筋骨紧密"。书家的情感决定了作品的神彩，由此可见一斑。颜真卿为唐代著名书法家，其书端直庄重，影响几代人。在安史之乱中，颜氏一家奋勇抵抗叛军，立下功勋，其侄以身殉国，颜真卿为此创作了著名的《祭侄文稿》。其书直抒胸臆，悲愤欲绝，情感奔涌倾泻，不可遏制。今人郭子绪认为，"中国书法史上唯有此一件作品最为遒劲且和润"。这件作品之所以有如此神彩、意蕴，与颜真卿的追祭侄子的悲愤真情与忠贞义烈密切相关。这就说明，在书法之神彩形成过程中，意、气、情、神之间紧密联系，发挥着决定性的作用。

唐代怀素，是与张旭齐名的著名狂草书法家。其性格旷达，锐意草书，无心修禅，酒肉不忌。其狂草姿态狂放，如惊雷之闪电、咆哮之长河，奔流而下，一泻千里，是书法史上的奇迹。他的狂放豁达的禀赋，决定了他的狂草成为一代神品。李白晚年在被流放夜郎途中曾遇到怀素，当时怀素才二十多岁。李白看到他的作品，称他为"少年上人"，并认为他超过王羲之、张伯英。李白在《草书

---

① （唐）张怀瓘：《书断》，王伯敏等主编《书学集成·汉—宋》，河北美术出版社 2002 年版，第 194—195 页。

歌行》中写道：

> 少年上人号怀素，草书天下称独步。墨池飞出北溟鱼，笔锋杀尽中山兔。八月九月天气凉，酒徒词客满高堂。笺麻素绢排数箱，宣州石砚墨色光。吾师醉后倚绳床，须臾扫尽数千张。飘风骤雨惊飒飒，落花飞雪何茫茫。起来向壁不停手，一行数字大如斗。怳怳如闻神鬼惊，时时只见龙蛇走。左盘右蹙如惊电，状同楚汉相攻战。湖南七郡凡几家，家家屏障书题遍。王逸少，张伯英，古来几许浪得名。张颠老死不足数，我师此义不师古。古来万事贵天生，何必要公孙大娘浑脱舞？

总之，书法，尤其是草书，是中国古代特有的线的艺术、生命的艺术，是笔的生命的舞蹈，是中国古代艺术的源头之一，其中的奥秘值得我们好好学习、继承发扬。

第七章 国画的生态审美意蕴：气韵生动，意在景外

　　中国作为文明古国，其文化、艺术与审美观念一直以"究天人之际"为目标，其中不仅蕴含着丰富的古典生态审美智慧，而且也发展出不同于西方美学与艺术的形态。这一点在中国传统绘画中有着明显的体现。

一、中国特有的"自然生态艺术"

　　本来，艺术是相对于自然而言的，是一种明显区别于自然的文明形态。西方绘画发展并成熟于文艺复兴与启蒙时期，与工业革命紧密相关，从工具、颜料到著名的"镜子说"创作原则都充分地说明了这一点。中国绘画由于产生发展并成熟于自然经济条件之下，所以是距离自然最近的一种艺术门类。

　　先从国画使用的工具来说，所谓"文房四宝"，即笔墨纸砚，都是自然的物品，不同于西画的人工制品的画笔与化学颜料。诚如当代著名国画家张大千所言，"笔、墨、纸三种特殊材料，是构成中国画特殊风格的要素。这是为中国绘画所独有，和其他各国区别最大的特征"[①]。笔是由羊、兔、狼等动物毛发制成的毛笔，墨由松烟、油烟制成，纸则是由植物纤维制成的宣纸，砚也是由自然的崖石或泥土烧制而成，而颜料或是来源于天然矿物质，或是取自植物。从

[①] 陈滞冬编：《张大千谈艺录》，河南美术出版社 1998 年版，第 95 页。

绘画种类来讲，西画以人物画为主，而国画自魏晋后山水画就占据非常重要的位置，成为国画正宗。

再从艺术创作原则来说，国画力主一种"自然"的艺术原则。所谓"自然"，清人唐岱《绘事发微》言："以笔墨之自然合乎天地之自然，其画所以称独绝也。"[①]在《绘事发微》的《自然》篇，唐岱具体论述道："自天地一阖一辟，而万物之成形成象，无不由气之摩荡，自然而成。画之作也亦然。古人之作画也，以笔之动而为阳，以墨之静而为阴。以笔取气为阳，以墨生彩为阴。体阴阳以用笔墨，故每一画成，大而丘壑位置，小而树石沙水，无一笔不精当，无一点不生动。"[②]这里告诉我们，所谓"自然"，即中国古代思想的天地万物由阴阳之气激荡交感而生成化育的自然规律。诚如老子所言，"道生一，一生二，二生三，三生万物。万物负阴而抱阳，冲气以为和"（《老子·第四十二章》）。"自然"的艺术原则在国画中表现得十分明显，国画基本上依靠动与静、笔与墨、浓与淡、墨与彩，以及实与虚等对立双方交互统一而表现出艺术的力量。例如，宋代苏轼的《木石图》，就是极为简洁的枯树一株与顽石一块，画面是大量的空白，但却通过这种画与白、石与树，以及笔与墨的自然形态的对比，表现了文人的傲然挺立的精神气质。相反，西画则是一种诉诸科学的画法。正如欧洲文艺复兴时期绘画大家达·芬奇所说，"绘画的确是一门科学，并且是自然的合法的女儿""美感完全建立在各部分之间神圣的比例关系上，各特征必须同时作用，才能产生使观者往往如醉如痴的和谐比例"[③]。达·芬

---

① （清）唐岱：《绘事发微》，王伯敏等主编《画学集成·明—清》，河北美术出版社 2002 年版，第 448 页。
② （清）唐岱：《绘事发微》，王伯敏等主编《画学集成·明—清》，河北美术出版社 2002 年版，第 447—448 页。
③ 转引自李醒尘《西方美学史教程》，北京大学出版社 1994 年版，第 137 页。

奇的名作《最后的晚餐》就是这种比例和谐的典范：整幅画以镇静自若的耶稣为中心，分左右两列排列众使徒，透视集中，比例对称，表情各异，充分表现了文艺复兴时期一种特有的惩恶扬善、拯救民众的人文精神。

二、国画特有的"多点透视法"

"透视"即绘画的视角，反映着不同的艺术观念。西画基本上采用"焦点透视法"，又称"远近法"。这是画家以固定的视角为出发点，根据物体在视网膜上形成的近大远小、近实远虚的现象进行绘画的方法。这种"焦点透视法"，实际上是一种以科学的光学理论与几何学理论为指导的绘画创作方法，为达·芬奇极力推崇。他在其著名的《绘画论》中指出，"实习常常必须站在正确的理论上，而'远近法'是它的引路者，是入门的方法，就绘画来说，没有它，什么事也不能好好进行"①。显然，这是一种科学主义的绘画理论与方法，当然自有其价值，并且也在长期的西画实践中取得了辉煌的成就。但这种方法只允许在画面上有一个视点中心，如果单从远虚近实、远小近大、阳显背蔽的光学与几何学原则来看，当然是没有问题的；但如果从自然万物平等的原则来看，其缺陷则是十分明显的。这种"焦点透视"的画法，对于那些被隐晦与遮蔽的物体来说是不公平的，这仍然是一种科学主义与人类中心主义的反映。正如沃尔夫冈·韦尔施所说："全景的展示取决于观者的眼睛和立足点。

---

① 转引自李浴《西方美术史纲》，辽宁美术出版社 1980 年版，第 254 页。

人的标准处于整幅画面的中心。这样看来，透视绘画中的人类中心主义是根深蒂固的。一切都不是自然浮现，而是基于我们单方面的感知。画面的每一细节都与我们有关，由我们的视野和立足点决定。被画对象与我们对世界的凝视紧密相关。"①

国画所采取的"多点透视法"与西画的"焦点透视法"不同，它是一种"景随人迁、人随景移、步步可观"的绘画方法，画面上展现多个视角，使得远近之地、阳阴之面，甚至内外之物均有得到显现的机会。张大千曾言："中国画常常被不了解它的人批评，说国画没有透视。其实中国画何尝没有透视？我们国画的透视，是从四方上下各面看取的，现代抽象画的透视不过得其一斑。"又说："画树时若是以俯视的方法，只能看到树头，若是以仰视的方法，只能看到树的枝干。若用两个透视结合，既可看到树头，又可看到树干，给人看到的是一棵完整的大树，这有什么不好呢？"②方东美也将这种"多点透视"称作由一个"理想"来俯视和统一的"整体透视"。

中国传统画论对"多点透视法"的表述之一，就是"三远"法。正如宋代著名画家郭熙在《林泉高致》中所言："山有三远：自山下而仰山巅，谓之高远；自山前而窥山后，谓之深远；自近山而望远山，谓之平远。高远之色清明，深远之色重晦，平远之色有明有晦；高远之势突兀，深远之意重叠，平远之意冲融而缥缥缈缈。其人物之在三远也，高远者明瞭，深远者细碎，平远者冲淡。明瞭者不短，细碎者不长，冲淡者不大。此三远也。"③运用"三远"法

---

① （德）沃尔夫冈·韦尔施：《如何超越人类中心主义？》，高建平、王柯平主编《美学与文化·东方与西方》，安徽教育出版社 2006 年版，第 475 页。
② 陈滞冬编：《张大千谈艺录》，河南美术出版社 1998 年版，第 4、52 页。
③ （宋）郭熙：《林泉高致》，王伯敏等主编《画学集成·六朝—元》，河北美术出版社 2002 年版，第 298 页。

作画，画面上出现了多个视角，远近、高低、阴阳、向背、里外等各个侧面均获得了展示的机会。这在很大程度上是与西画中的科学主义与人类中心主义相悖的，但增强了绘画艺术的表现力量。所以，就出现了人类绘画史上少有的表现描绘整个城市生活与整条河流的长卷。例如，宋代张择端的著名的《清明上河图》，纵 24.8 厘米，横 528 厘米，反映了宋代京城汴京清明时节汴河两岸的风光与生活场景，涉及风土人情、民间习俗、房屋桥梁、船运车马、肩担人挑，以及行医算命、和尚道士、贩夫走卒、车夫轿夫、船工商人、男女老幼，三教九流，共计 550 多人，牲畜五六十匹，马车 20 多辆，船只 20 多艘，房屋 30 多组，人物繁多，场面宏大。只有采取散点透视或移动透视的方法，才能艺术地反映如此宏阔的场景，所有汴河两岸的人物场景都在这种散点透视中获得了平等表现的权利。西画在这一方面的区别就非常明显。例如，我们所熟知的荷兰著名画家霍贝玛的《乡间村道》就是非常典型的按照焦点透视法创作的作品，为我们展示了 17 世纪的荷兰乡村风光。该画按照近大远小、近实远虚的规律而成，画面的确具有了某种纵深感，但真正的荷兰乡村对于我们只是一个朦胧的影子。这也许就是科学主义与人类中心论在绘画中的表现，其局限导致了后来立体派对于这种焦点透视的突破。

三、"气韵生动"美学原则的生态审美意蕴

中国古代哲学认为，"天地与我并生，而万物与我为一"（《庄

子·齐物论》）。也就是说，在中国古人看来，自然万物与人一样都是有生命的，而且是一体的。在画家眼中，自然界的山山水水与人是有共同性的，他们在观察自然万物的四时变化时，总是将其与人加以比较。如北宋郭熙《林泉高致》说："春山艳冶而如笑，夏山苍翠而如滴，秋山明净而如妆，冬山惨淡而如睡。"[①]这里用人的笑、眼泪的滴、严肃的妆与安静的睡来形容山在四季中不同的形象神情，当然，画山之时要体现山在不同时空中各具神情的生命形态。

在这方面，中国古代画论提出了"气韵生动"的艺术要求。南齐谢赫的《古画品录》最早提出"画有六法"之说，云："六法者何？一、气韵生动是也；二、骨法用笔是也；三、应物象形是也；四、随类赋彩是也；五、经营位置是也；六、传移模写是也。"[②]"气韵生动"被列为"六法"之首。谢赫所说的"六法"，最初主要是对人物画的要求，后来逐步成为整个中国画的基本要旨。北宋郭思的《图画见闻志·论气韵非师》认为，"六法精论，万古不移。然而'骨法用笔'以下五法可学，如其'气韵'，必在生知，固不可以巧密得，复不可以岁月到，默契神会，不知然而然也"[③]，将"气韵生动"推到绘画艺术的最高境界。宗白华先生对"气韵生动"有一个非常重要的阐释："中国画的主题'气韵生动'，就是'生命的节奏'或'有节奏的生命'。"[④]这就是说，"气韵生动"，实际上就是表现大自然的一种有灵性的生命力。因此，国画并不苛求艺术的形似，但却追求艺术的神似，艺术的神似即要做到生命气韵。

---

① （宋）郭熙：《林泉高致》，王伯敏等主编《画学集成·六朝—元》，河北美术出版社 2002 年版，第 294 页。

② （南齐）谢赫：《画品》，王伯敏等主编《画学集成·六朝—元》，河北美术出版社 2002 年版，第 17 页。

③ （宋）郭思：《图画见闻志》，王伯敏等主编《画学集成·六朝—元》，河北美术出版社 2002 年版，第 316 页。

④ 宗白华：《艺境》，北京大学出版社 1987 年版，第 118 页。

正如唐张彦远《历代名画记》所言："至于鬼神人物，有生动之可状，须神韵而后全。若气韵不周，空陈形似；笔力未遒，空善赋彩，谓非妙也。"① "气韵生动"主要在"气韵"，诚如明顾凝远所言："六法中第一'气韵生动'，有气韵则有生动矣。气韵或在境中，亦或在境外，取之于四时寒暑晴雨晦明，非徒积墨也。"②

　　作为"境中"的"气韵"，国画对自然万物的生命力的表现提出了诸多办法。郭熙《林泉高致》说："山以水为血脉，以草木为毛发，以烟云为神彩。故山得水而活，得草木而华，得烟云而秀媚；水以山为面，以亭榭为眉目，以渔钓为精神。故水得山而媚，得亭榭而明快，得渔钓而旷落。此山水之布置也。"③当然，最重要的是要表现出大自然生命力的根本——"天地间之真气也"，也就是要表现出自然万物的神韵。清唐岱《绘事发微》说："画山水贵乎气韵。气韵者，非云烟雾霭也，是天地间之真气。凡物无气不生，山气从石内发出，以晴明时望山，其苍茫润泽之气腾腾欲动，故画山水以气韵为先也。"④ "真气"就是万物的神韵，需要画家对万物进行长期的观察体悟才能获得，同时也要不断地提升自己的精神境界才能体悟到。近人齐白石画虾，经过长期的观察体悟，以其"为万虫写照，为百鸟张神"的精神，画出了旷世杰作《虾图》——一个个活灵活现，充满生命力地跃然纸上。西方绘画，有静物写生画法。大家熟悉的后印象派画家塞尚的著名静物画《有瓷杯的静物》，

---

①（唐）张彦远：《历代名画记》，王伯敏等主编《画学集成·六朝—元》，河北美术出版社 2002年版，第 106 页。

②（明）顾凝远：《画引》，王伯敏等主编《画学集成·明—清》，河北美术出版社 2002 年版，第 287 页。

③（宋）郭熙：《林泉高致》，王伯敏等主编《画学集成·六朝—元》，河北美术出版社 2002 年版，第 297 页。

④（清）唐岱：《绘事发微》，王伯敏等主编《画学集成·明—清》，河北美术出版社 2002 年版，第 448 页。

画的是放在瓷杯中的水果。尽管作为后印象派画家，塞尚已经在这个静物写生中寄寓了自己较多的主观色彩，但这幅画仍表现为对"永恒形象和坚实结构的追求"。齐白石的《虾图》就有着不同的旨趣，追求着一种蓬勃的生命力量。

四、"外师造化、中得心源"的创作原则与"天人合一"思想

国画最基本的创作原则，是唐代画家张璪提出的"外师造化、中得心源"①。这是非常重要的具有中国特色的艺术创作理论，与中国古代"天人合一"思想是完全一致的。"天人合一"之"天"，内容极为丰富，既包括自然万物，也指自然物象之形貌与神情。所谓"人"，包含人对外物的观察的心得与体悟，内在的精神气韵等等，即所谓"心源"。"外师造化"与"中得心源"是统一的，而不是分开的两个阶段。宋代罗大经《鹤林玉露》记载，宋人李伯时为画好御马，每过"国马"所在的"太仆廨舍"，"必终日纵观，至不暇与客语。大概画马者，必先有全马在胸中。若能积精储神，赏其神骏，久久则胸中有全马矣。信意落笔，自然超妙"。所以，黄庭坚写诗称赞他："李侯画骨亦画肉，下笔马生如破竹。"罗大经认为，黄庭坚的诗"'生'字下得最妙。盖胸中有全马，故由笔端而生，初非想像模画也"。又载曾无疑画草虫，"曾云巢无疑工画草

---

① (唐)张彦远：《历代名画记》，王伯敏等主编《画学集成·六朝—元》，河北美术出版社 2002 年版，第 186 页。

虫，年迈愈精。余尝问其有所传乎，无疑笑曰：'是岂有法可传哉？某自少时，取草虫笼而观之，穷昼夜不厌。又恐其神之不完也，复就草地之间观之。于是始得其天，方其落笔之际，不知我之为草虫耶，草虫之为我也。此与造化生物之机缄盖无以异，岂有可传之法哉？'"①。曾无疑之画草虫，人与草虫已经化而为一，实际上是草虫之神韵与人之神韵已经化而为一。这也就是清人郑燮所说的，"眼中之竹""胸中之竹"与"手中之竹"的统一。经过这样的创作过程，创作的作品就是天人的统一，神似与形似的统一，渗透出一种少有的神韵。这样的艺术作品与西画中在"镜子说"的指导下创作的作品是风貌有异的。例如，著名的印象派大师莫奈的《日出·印象》，尽管已经不同于传统的现实主义作品，但并没有离开具体的物象自身，而是在物象的色彩与光线上进行了创新。唐代画家王维曾作《袁安卧雪图》，在雪景中画芭蕉，以芭蕉之空心映衬雪之白净，蕴含着佛学色空的意韵。这幅画目前已经不存，但明代徐渭的《杂花图》，使牡丹、石榴、梧桐、菊花、南瓜、扁豆、葡萄、芭蕉、梅花、水仙和竹等各种植物共居一幅，达到"不求形似求生韵"的效果。

五、"可行可望可游可居"
艺术目标中人与自然和谐的精神

国画没有仅仅将自然景观作为人们观赏的对象，而是进一步拉近人与自然的关系，将自然变成与人密切相关的可亲之物，甚至进

---

① （宋）罗大经：《鹤林玉露》，王瑞来点校，中华书局1983年版，第343页。

一步使之进入人的生活世界。这就是著名的"可观可居可游"之说。宋代郭熙在《林泉高致》中说："世之笃论，谓山水有可行者，有可望者，有可游者，有可居者。画凡至此，皆入妙品。但可行可望，不如可居可游之为得。何者？观今山川，地占数百里，可游可居之处十无三四，而必取可居可游之品，君子之所以渴慕林泉者，正谓此佳处故也。故画者，当以此意造，而鉴者又当以此意穷之。此之谓不失其本意。"①郭熙讲得很清楚，创作的本意之一并不是单纯的艺术鉴赏，而是在于创造一种与人的生活世界紧密相关的自然景观。这是一种中国式的山水花鸟画的观念，自然外物不是外在于人的，而是与人处于一种机缘性的关系之中，成为人的生活的组成部分。例如，宋代著名画家王希孟所作《千里江山图》，纵 51.5 厘米，横 1191.5 厘米，是一幅长卷，色以青绿为主调，画出了山清水秀的锦绣河山的壮丽景色。尽管画是自然山水，但却是人的生活世界。画中错落着渔村山庄，点缀着道路小桥人家，间杂着疏离的林木，一副人可观、可望、可居、可游的气派，成为中国画的珍品。西画一般侧重表现自然景物本身的美丽生动，而对于自然景物与人的关系则并不着意。例如，法国卢梭所作风景画《橡树》，虽出色地刻画了阳光下的草地与浓重的树影，但却没有刻意表现橡树与人的关系。

六、"意在笔先，寄兴于景"：呈现人与自然的友好关系

唐代画家王维在《山水论》中指出，"凡画山水，意在笔先"②，

---

① (宋) 郭熙：《林泉高致》，王伯敏等主编《画学集成·六朝—元》，河北美术出版社 2002 年版，第 292—293 页。

② (唐) 王维：《山水论》，王伯敏等主编《画学集成·六朝—元》，河北美术出版社 2002 年版，第 64 页。

强调山水画创作中要处理好"意"与"笔"的关系。所谓"意"，为画家的"意兴"；而所谓"笔"，则为"笔墨"。前者为情感意兴，后者为笔墨形象，两者在国画中是一种"兴寄"的关系。唐陈子昂的《与东方左史虬修竹篇序》提出了诗歌的"兴寄"之说，所谓"兴寄"，指一种"托物起兴""借物寓志"的艺术方法。中国山水画的兴起，与魏晋时期的政局纷乱有关。其时政局不稳，战争频发，文人处境艰难，于是寄情于山水之中，山水画得以勃兴。文人画家之画山水，主要不在描摹山水之形象，而是以之寄托情感意兴，情感意兴借助于笔墨形象表现出来，"意"与"笔"两者是一种借喻友好的关系。早在先秦时代，孔子就提出了"智者乐水，仁者乐山"（《论语·雍也》）的问题，以山比喻仁者德行之厚重，以水比喻智者之智慧流动不居。自然与人在艺术中的友好相处，这其实是中国古人以自然为友的良好传统。李白的诗"众鸟高飞尽，孤云独去闲。相看两不厌，唯有敬亭山"（《独坐敬亭山》），写的就是诗人与敬亭山的互敬互爱，物我和谐之美好关系。这在山水花鸟画中表现得更加明显。清初著名画家石涛在《苦瓜和尚画语录》中指出，"古之人寄兴于笔墨，假道于山川。不化而应化，无为而有为，身不炫而名立"①。在石涛看来，画家通过绘画，寄兴于笔墨，借道于山水，这样能够以不"化"应万化，于"无为"中实现"有为"。事实上，他自己就较好地运用了绘画的"寄兴"作用。他是著名的黄山画派代表人物，长期生活在黄山，提出"以黄山为师""以黄山为友""得黄山之性"等思想。同时，通过自己对于黄山的描绘，通过飞舞的笔纵、淋漓的墨雨、气势磅礴的山势表达了自己作为明代遗老的家国之思，所谓"金枝玉叶老遗民，笔砚精良迥出尘"。我们可以通过他的代表

---

① （清）石涛：《苦瓜和尚画语录》，王伯敏等主编《画学集成·明—清》，河北美术出版社 2002 年版，第 308 页。

作《泼墨山水卷》来看他的"寄兴"的特点。当然，还有大家都熟悉的国画中著名的松竹梅三友，古人以此比喻"君子"能经霜历雪的高洁节操。这当然是先秦以来"比德"之说在艺术上的体现。明代边景昭著名的《三友百禽图》，写隆冬季节，百鸟栖于松竹梅之间，或飞或鸣或息，呼应顾盼，各尽其态，表现了画家高洁的品德气节，用意不凡。张大千曾指出："中国画讲究寄托精神所在。譬如说中国历代画家爱画'梅兰竹菊'四君子，有人认为属于一种僵化的心态，其实不然，这就正是中国画的精神所在。画家如果画梅、菊赠人，一方面自比梅、菊之傲霜的风骨和孤标的气节，另一方面也是将对方拟于同等的境界。这是期许自己，也是敬重对方。中国画这种讲'寄托'的精神，实在是可贵的传统，也是有别于西画的最大特色。"①

总之，中国的传统绘画艺术中饱含着极为丰富的生态审美智慧，这对于发展当代美学有着很深的启发意义。当然，我们肯定中国传统绘画作为"自然生态艺术"的优长之处，并不意味着否定西方绘画的优点。两者各有所长，完全可以在新时代起到互补的作用。1956年，张大千在欧洲举办画展，曾经专门拜访过毕加索，两人互赠画作，相谈甚欢。毕氏对于包括中国画在内的东方艺术给予了高度评价，张大千事后感慨："深感艺术为人类共通语言，表现方式或殊，而求意境、功力、技巧则一。"②

---

① 陈滞冬编：《张大千谈艺录》，河南美术出版社1998年版，第3页。
② 陈滞冬编：《张大千谈艺录》，河南美术出版社1998年版，第129页。

（北宋）李唐《万壑松风图》

（元）黄公望《富春山居图》（剩山图）

第八章

戏曲的庶民之美：古中国大众的生命之歌

关于中国古代美学的特殊内涵，目前学术界多数人认为宗白华的"生命论美学"是一种比较准确的概括。宗白华早在 20 世纪20—30 年代就提出并阐述了中国古代生命论美学。他说，中国美与美术的"特点是在'形式'、在'节奏'，而它所表现的是生命的内核，是生命内部最深的动，是至动而有条理的生命情调"。又说，"中国画所表现的境界特征，可以说根基于中国民族的基本哲学，即《易经》的宇宙观：阴阳二气化生万物，万物皆禀天地之气以生，一切物体可以说是一种'气积'（庄子：天，积气也）。这生生不已的阴阳二气织成一种有节奏的生命"。他还认为，"美学研究不能脱离艺术，不能脱离艺术的创造和欣赏，不能脱离'看'和'听'。……中国戏曲也有自己的特点。京剧、昆曲历史悠久，值得研究一番"①。我认为，宗白华的生命论美学其实就是植根于中国古代农业社会与"天人合一"哲学思想的一种"中和论生态生命美学"，这种美学精神是中国古代美学与艺术的生存之根，也是中西美学与艺术相异的根本原因所在。本章将以此为指导，探讨中西古典戏剧的相异之表现及其根源，其目的既在于进一步建设当代中国的生态美学，也希望中国古代美学与艺术的特殊光辉在新时代得到发扬。

众所周知，中国戏曲是世界三大戏剧形式之一，而且是唯一仍然活跃在现实生活中的古典戏剧形式。从戏剧表演来说，中国戏曲的"虚拟化表演"与"唱念做打歌舞"成为迥异于世界戏剧领域"体验派"与"表现派"的第三种表演体系，具有空前的生命力与群众

---

① 宗白华：《艺境》，北京大学出版社 1987 年版，第 110、118、357 页。

基础。尤其是京剧，已成为中国的"国粹"与"国宝"。因此，从中西比较的视角探讨中西古代戏剧的区别及其原因是非常必要的。中国戏曲的美学是一种生命论美学，是一种"有节奏的生命"。王国维曾言："故谓元曲为中国最自然之文学，无不可也。"又说："其文章之妙，亦一言以蔽之，曰：有意境而已矣。"[①] 所谓"意境"，诚如宗白华所言，就是"艺术家以心灵映射万象，代山川而立言，他所表现的是主观的生命情调与客观的自然景象的交融互渗，成就一个鸢飞鱼跃、活泼玲珑、渊然而深的灵境；这灵境就是构成艺术之所以为艺术的'意境'"[②]。由此可见，王国维所谓元曲之"自然"与"意境"，其要旨还是"生命力的渗透"。诚如明代戏曲家祁彪佳所言，中国戏曲"盖情至之语，气贯其中，神行其际"[③]。因此，我们可以说，中国戏曲是生命之歌、生命之画。叶秀山先生将之称作"古中国的歌"[④]，是十分恰当的。我们试从生命之歌与生命之画的角度来阐述中国戏曲的美学特征。

一、美学追求："乐"的生命情感抒发

生命论美学的要旨在于"自然"，而所谓"自然"，即"道法自然"（《老子·二十五章》），是"道生一，一生二，二生三，三生万

---

① 王国维：《宋元戏曲史》，上海古籍出版社 2008 年版，第 87、88 页。
② 宗白华：《艺境》，北京大学出版社 1987 年版，第 151 页。
③ （明）祁彪佳：《远山堂剧品》，《中国古典戏曲论著集成（六）》，中国戏剧出版社 1959 年版，第 140 页。
④ 参见《古中国的歌——叶秀山京剧论札》，中国人民大学出版社 2013 年版。

物。万物负阴而抱阳，冲气以为和"（《老子·四十二章》）。所以，阴阳相生为自然生命论哲学与美学之核心。中国戏曲的特殊性在于表演与程式的相生相克，从而产生一种特殊的生命之力。中国戏曲是一种高度程式化的艺术形式，唱念做打、生旦净末丑、着衣化妆、舞台布景、出场下场、音乐锣鼓，一举一动均有明确而严格的"程式规范"。程式犹如国画中的"笔墨"，演员只有凭借程式才能扮演出五彩缤纷的生命之戏，好像画家只有凭借笔墨才能画出意蕴深厚的写意之画。如果说，作为静态的"程式"是阴，那么处于动态的表演就是阳，阴阳相生才能产生生命之力，发出来自生命深处的歌声。这就是中国戏曲与西方古典戏剧的重要差别之一。西方古典戏剧是以"模仿"为其旨归的。亚理斯多德在著名的《诗学》中指出，"悲剧是对于一个严肃、完整、有一定长度的行动的模仿"①。而中国戏曲则是在表演与程式的相生相克中表现与抒发着一种生命的情感。

首先，从戏剧的总体布局来看，西方古典戏剧是一种"理念的感性显现"（黑格尔语），本质上是一种现实主义的油画；而中国戏曲则是生命情感的抒发，本质上是一首来自生命深处的乐曲。这两种截然不同的美学追求就决定了西方古典戏剧着重于事件的冲突与情节安排。中国戏曲通过程式化的忠奸分明的脸谱与揭示剧情的定场词等，几乎将剧情及其结果公开化，其着重点则在情感的抒发。西方古典戏剧的高潮在"发现"，而推动戏剧情节的则是"转折"。例如，《俄狄浦斯王》中国王俄狄浦斯通过报信人与牧人的对质，发现自己正是杀死父王拉伊俄斯的凶手，剧情由此发生根本转折，最后母亲自杀，俄狄浦斯刺瞎双眼，自我放逐出忒拜城，浪迹天涯。

① （古希腊）亚理斯多德：《诗学》，罗念生译，人民文学出版社 1982 年版，第 19 页。

这就传递了一种"命运战胜一切"的理念。再如,席勒的著名悲剧《阴谋与爱情》就是以露易丝服毒后临死前的自白揭露她的那封所谓"情书"是被逼所写的真相,男爵费迪南在真相大白后也饮毒自尽。他在临死前以最后的力气将阴谋制造者他的父亲宰相瓦尔特拽到露易丝的尸体前控诉道:"这儿,野蛮人,品赏品赏你狡诈的可怕果实吧;在这张脸上,歪歪扭扭写着你的名字,行刑的天使将会认出来的呀!——这个形象将在你入睡时扯下你床前的帷幔,把她冰冷的手伸向你!这个形象将在你临终时站在你的灵魂前,挤掉你最后的祈祷!这个形象将在你希望复活时站在你的坟墓上——而且,当上帝审判你的时候,还将站在上帝旁边!"这真是控诉腐朽的封建专制制度的檄文,表现了席勒启蒙主义狂飙突进运动的反封建的革命精神。与之相反,同样是表现爱情的元杂剧王实甫的《西厢记》就有着明显的差别。该剧楔子部分通过老夫人的程式化的定场白,已经基本上将老夫人的已故宰相家世、家庭构成与封建家长身份介绍清楚,又通过莺莺的开场唱"花落水流红,闲愁万种,无语怨东风",表明了她思春怨女的心态。加上中国戏曲程式化的叙事性情节安排与艺术处理等,该剧在情节上和性格上已不会有很多悬念,其着重点也不在此,而是主要通过几个重点场次表现莺莺与张生对于爱情的执着追求,成为一出歌唱封建时代青年本真爱情的缠绵悱恻的歌唱。莺莺的两封回简充分表现了封建时代青年女子大胆追求爱情的精神,而且如歌如吟,美轮美奂。第一封信"待月西厢下,迎风户半开。隔墙花影动,疑是玉人来",含蓄而形象;第二封信"仰图厚德难从礼,谨奉新诗可当媒。寄语高唐休咏赋,今宵端的雨云来",反映了莺莺的情意与对于爱情的义无反顾的大胆追求。而张生等待莺莺的唱词"他若是肯来,早身离贵宅;他若是到来,便春生敝斋;他若是不来,似石沉大海。数着他脚步儿行,倚定窗棂儿待",真是惟妙惟肖地表现了张生期盼心上人的心情。这是爱情的颂歌！而第三折的长亭送别则以另一种情调描述了相爱之人的离情别意：“碧云天，黄花地，西风紧，北雁南飞。晓来谁染霜林醉？总是离人泪。”大自然的满地的黄花、萧索的西风、南飞的北雁与挂满秋霜的树林等肃杀的景象衬托出离人的心酸与凄苦，同样入境入心，感人肺腑。汤显祖《牡丹亭》更是抒写了杜丽娘与柳梦梅之间因情而死又因情而生的浪漫奇幻的爱情故事，真的是惊天地泣鬼神。特别是作为大家闺秀的杜丽娘以生命为代价追求爱情的大胆执着，更是感人至深。杜丽娘死而复生后在牡丹亭幽会时唱道，“泉下长眠梦不成，一生余得许多情。魂随月下丹青引，人在风前叹息声”“牡丹亭，娇恰恰；湖山畔，羞答答；读书窗，淅喇喇。良夜省陪茶，清风明月知无价”。生不能完成情爱之旅，即使死后也要还魂实现情爱之梦的大胆表白与行动，已经将来自生命深处的生死情爱表达无遗。诚如汤显祖在《牡丹亭题记》中所言，“天下女子有情，宁有如杜丽娘者乎？……如丽娘者，乃可谓之有情人耳。情不知所起，一往而深。生者可以死，死可以生。生而不可与死，死而不可复生者，皆非情之至也”，突出地阐明了《牡丹亭》所表现的这种生而复死、死而复生的发自生命深处的至爱之情，也典型地反映了中国戏曲作为生命之歌的艺术特征。

程式化，来自西文“Conventionalization”，清代中叶将之用于中国乐器弹奏指法，著名戏剧家赵太侔借用这个音乐术语将中国戏曲的规范化称作“程式化”。蓝凡认为，“中国戏曲的一切表现形式都弥浸在这规范化的性格之中，这却是中国戏曲特有的性格风格——程式性（程式化）”[①]。这种程式化正是中国戏曲的特点和长处所在，凝聚了一代代艺人的智慧与创造，具有极大的艺术表现

① 蓝凡：《中西戏剧比较论》，学林出版社2008年版，第19页。

力量。它要求中国戏曲艺人进行刻苦训练，终生不懈，所谓"台上几分钟，台下十年功"。只有熟练地掌握了戏曲程式，才能有精湛的表演，体现出生命的情感力量。但熟练地掌握程式并不等于拘泥于程式，而是要做到"进得去，出得来"，使表演与程式之间形成一种良性的相辅相成的互动关系，从而具有某种生命张力。这样就需要将程式用好用活，使程式服务于角色的创造和情感的表达。例如，麒派名剧《徐策跑城》是著名须生周信芳的代表作，他完美地运用涮步、跌跑等程式化的动作，在急切地亦唱亦跑中形象而深刻地表现了徐策秉持正义为薛家申冤的情感历程。我们看到的是徐策的不顾老迈急切申冤的形象，而程式却早已淡化。总之，程式是形，关键要表现人物之神，做到神形兼备，以形传神。据明代李中麓记载，"颜容，字可观，镇江丹徒人。……乃良家子，性好为戏，每登场，务备极情态，喉音响亮，又足以助之。尝与众扮《赵氏孤儿》戏文，容为公孙杵臼。见听者无戚容，归即左手捋须，右手打其两颊尽赤。取一穿衣镜，抱一木雕孤儿，说一番，唱一番，哭一番，其孤苦感怆，真有可怜之色，难已之情。异日复为此戏，千百人哭皆失声。归，又至镜前，含笑深揖，曰：'颜容，真可观矣！'"[1]。这段记载生动地说明了程式与表演之间的互动关系，颜容酷爱演戏，"备极情态，喉音响亮"，程式化的东西已经非常熟练，但其演出仍然是"听者无戚容"，原因是只掌握了形没有掌握神。经过苦练琢磨，他终于体会到公孙杵臼"孤苦感怆"之情，因而演出达到了"千百人哭皆失声"的效果。我本人也有这样的感受，小时候在上海看著名表演艺术家盖叫天的《狮子楼》，盖叫天一出场一个"亮相"，双眼炯炯有神，动作刚劲有力，英雄武松的形象一下子就立了起来，

---

① （明）李中麓：《词谑》，转引自陈德礼《中国艺术辩证法》，吉林人民出版社 1990 年版，第 21 页。

印象深刻，至今不忘。而最后的杀西门庆，也极为精彩。从武松脱外衣接刀的动作开始，盖叫天全身不动，两手握住衣襟，手腕向后用力一挥，外衣干净利落地脱下，尽显英雄本色。剧中武松杀西门庆只用了三刀，但这三刀，刀刀见力，凸显英雄气概。盖叫天自己说："这里所以只用三刀，为的是这场合不能多打，要紧凑干脆几下子，多了反而把戏搅松了。因为观众这时急于要看武松手除恶贼，不能拖沓。可是，尽管这几下，演员每一刀脸上都要有'相'，要有恨不得一刀结果仇人的表情，不能横砍竖砍心里一点事儿没有。这在平时练的时候，就要注意，到了台上才有'相'。"[①] 在这里，盖叫天充分地运用了京剧武生的打斗程式，但都化到性格塑造与情感表现之中，一个活脱脱的武松形象立在观众面前，所以人们称盖叫天为"活武松"。将近 60 年过去了，但盖叫天所演的武松形象，他那疾恶如仇的表情，仍然活在我的脑海之中。戏曲"程式"是一种共性的东西，还要赋予其个性，那就要将不同人物的体态情感化到程式当中。京剧大师程砚秋曾经专门讲到女旦兰花指的使用应根据不同年龄不同身份加以运用，不能千篇一律。他说："旦行的兰花指，也就代表一个女性成长的过程。我们一个十二三岁的小丫鬟，天真活泼，她好比一个花骨朵，花还没开呢，她表现的指法，虽然也用兰花指，就应当紧握着一些拳头，突出的一个食指来表现出年龄的特点。20 岁左右的少女，花朵慢慢地开了一点，指法的运用就应当表现出含苞待放的形式，与十二三岁小丫头的手势就不能一样了。中年妇女好比兰花全开了，她们的指法就要求庄严娴美，与 20 岁左右少女的含羞姿态又应有距离了。青衣再老即是老旦应功的人物了。老旦的指法，基本应采用青衣的路子，虽然兰花已经开败了，

---

① 盖叫天：《粉墨春秋》，中国戏剧出版社 1980 年版，第 233–234 页。

但她的基础还不应脱离兰花指的范畴，所不同于青衣的，只是老旦的手指，应当表现得僵硬些……"① 再如，同样是做针线，不同的女性应有不同的处理。总之，程式要遵循，更要演活，一切以充分表现人物情感为准。

中国戏曲是一种唱的艺术，是"古中国的歌"，所以音乐在戏曲中占据极大分量。有人说音乐是中国戏曲的"主脑"，不是没有道理。笔者 1987 年第一次到北美访问，一共待了将近一个月，回国时乘坐国航飞机，当我戴上座椅上的耳机听到播放的京剧，那熟悉的旋律回响耳际，立即鼻子就发酸，眼泪不自觉地涌出。我感到那就是一种母亲的歌、民族的歌。在戏曲音乐中，节奏又是中国戏曲音乐最主要的特点。有学者称，"节奏感（作用于人的感官时间长短和力量强弱）则更可以说是中国戏曲表现形式音乐性的最本质的核心"② 。节奏成为戏曲唱念做打必不可少的组成部分，特别是戏曲的锣鼓，更是其最重要的元素之一。那急骤的开场锣鼓一下子就将我们带到戏曲情境之中，而节奏的快慢强弱又与剧情的展开，与情感的表达密切相关。例如，京剧《空城计》诸葛亮在城头悠闲地弹琴，但城里却是空无一人，当司马懿率兵杀到西城门，随着一阵急骤的京剧锣鼓，加剧了我们紧张的心情，但却反衬了城楼上诸葛亮镇静儒雅的大将风度。至于唱腔，更是戏曲不可缺少的部分。张厚载曾说："中国旧戏是以音乐为主脑，所以它的感动的力量，也常常靠着音乐表示种种的感情。譬如《四郎探母》的杨延辉在番邦思念他的母亲，要不用唱工而但用白话来表示他思母的苦情，那杨延辉自己说了一番想念的话，便就毫无情致。如今用唱工来表示他思念的苦情，'引子''诗''白'多念完，到末了一句'思想起

---

① 中国戏曲研究院编：《程砚秋文集》，中国戏剧出版社 1959 年版，第 86 页。

② 蓝凡：《中西戏剧比较论》，学林出版社 2008 年版，第 13 页。

来，好不伤感人也'，下接西皮慢板，唱'杨延辉坐宫院自思自叹'一大段，这么样唱来就可以把想念母亲的感情，用最可以感动的方法，表示出来。这岂不是唱工最可以表示感情的一端吗？"[①] 例如，脍炙人口的越剧唱腔《黛玉焚稿》一段，著名越剧表演艺术家王文娟那哀婉凄切的唱腔几十年来一直回荡在我们的心头："多承你伴我月夕共花朝，几年来一同受煎熬，到如今浊世难容我清白身，与妹妹永别在今宵！从今后你失群孤雁向谁靠？只怕是寒食清明梦中把我姑娘叫。……我质本洁来还洁去，休将白骨埋污淖。"越剧《红楼梦》一时成为家喻户晓的戏曲，与其优美感人的唱腔有着密切的关系。戏曲唱腔讲究一个"韵味"，即通过中国戏曲特有的起承转合、字正腔圆，带来一种特有的"味在咸酸之外"的特殊的"滋味"，可以产生"绕梁三日、百听不厌"的特殊感受。记得小时候在上海生活，那时上海的女性多数是越剧迷，当时当红的名角是袁雪芬、尹桂芳、范瑞娟、徐玉兰与王文娟等，每流行一种新戏，满街都有人哼唱其唱腔，几乎成为城市生活的组成部分，好像河南和山东鲁西南对于豫剧的痴迷一般，人们欣赏的恰恰是那种扣人心弦的"韵味"。

二、戏曲表演：虚拟性的表演与观众的生命介入

　　虚拟表演是中国戏曲最基本的特征之一，也是中西戏剧的主要

[①] 张厚载：《我的中国旧戏观》，转引自蓝凡《中西戏剧比较论》，学林出版社 2008 年版，第 224 页。

区别之一。西方戏剧是只管演出，基本不顾观众的。著名西方戏剧理论家狄德罗在《论戏剧诗》一文中写道："所以，无论你写作还是表演，不要去想到观众，只当他们不存在好了。只当舞台的边缘有一堵墙把你和池座的观众隔开，表演吧，只当幕布并没有拉开。"①这里说的"有一堵墙把你和池座的观众隔开"的"一堵墙"就是通常所说的西剧的"第四堵墙"。苏联著名导演斯坦尼斯拉夫斯基也说："别顾到观众，想想你自己吧。……假使你自己发生兴趣的话，观众也会跟着你走的。"②中国戏曲却是完全不同的景象，中国戏曲是编剧、演员与观众共同完成的戏剧，没有观众的参与就没有戏剧，因为中国戏曲是一种虚拟性的表演，所有的布景、情境、时空完全依靠观众的想象完成。诚如宗白华所说，"中国舞台表演方式是有独创性的，我们愈来愈见到它的优越性。而这种艺术表演方式又是和中国独特的绘画艺术相通的，甚至也和中国诗中的意境相通。中国舞台上一般地不设置逼真的布景（仅用少量的道具桌椅等）。老艺人说得好：'戏曲的布景是在演员的身上。'演员结合剧情的发展，灵活地运用表演程式和手法，使得'真境逼而神境生'。演员集中精神用程式手法、舞蹈行动，'逼真地'表达出人物的内心情感和行动，就会使人忘掉对于剧中环境布景的要求，不需要环境布景阻碍表演的集中和灵活，'实景清而空景现'，留出空虚来让人物充分地表现剧情，剧中人和观众精神交流，深入艺术创作的最深意趣，这就是'真境逼而神境生'"③。宗白华可说是讲到了中国戏曲的精髓之所在。从布景来说，例如，川剧《秋江》中演到青年道姑陈妙常雇船追赶情人书生潘必正，在秋江之上乘坐老艄公的

---

① （法）狄德罗：《狄德罗美学论文选》，人民文学出版社 1984 年版，第 176 页。
② （苏）斯坦尼斯拉夫斯基：《斯坦尼斯拉夫斯基全集》（第二卷），中国电影出版社 1959 年版，第 195—196 页。
③ 宗白华：《艺境》，北京大学出版社 1987 年版，第 271 页。

船。舞台上并没有任何船，只有老艄公手握一支桨，但却演绎了满江的水，波浪起伏。该剧的最大艺术特色在于一老一少演绎的精彩的戏曲舞蹈，整出戏除了老艄公手中的一只桨，别无其他实物布景或道具，全凭人物精彩的舞蹈来串联和表现。从追赶到江边、船靠岸、系船桩、搭跳板、上船、撑船、拉船、解缆登船，到荡桨、漂流、船行江上，时而平稳，时而颠簸，时而疾，时而缓，一老一少，此起彼伏，亦庄亦谐，配合默契，一系列繁难动作通过丰富的戏曲舞蹈程式得到准确细腻、多姿多彩的表现，带给观众观赏戏曲所独有的审美愉悦。其效果之好，让人有真实乘船之感。梅兰芳曾经请一位亲戚看川剧《秋江》，看后问她好不好。那位亲戚回答道，自己看得出了神，仿佛就在船上，感觉有些晕船。由此，梅兰芳说道："说明京剧的表演因为是在没有布景的舞台上发展起来的，它充分借助了观众的想象力把舞蹈发展为不仅能抒情，而且还能表现人在各种不同环境——室内、室外、水上、陆地等的特殊动作，并且能表现人的内心世界。"[①] 中国戏曲不仅能够通过虚拟性表现布景，比如，通过演员的舞步表现山和楼等等，而且可以表现跋山涉水的长途跋涉和千军万马的战争场面。例如，《西厢记》第一折写张生骑马引仆，其实张生只是手中拿着一根马鞭就象征着骑马，而且一路走来，离开故乡西洛，上朝赶考，路经河中府，又来到普津，走到状元店，住下后来到普救寺。这一切都在舞台上通过演员的舞蹈配合演唱顷刻间完成，而张生之游普救寺也是在亦歌亦舞中完成的。所谓"随喜了上方佛殿，早来到下方僧院。行过厨房近西，法堂北，钟楼前面。游了洞房，登了宝塔，将回廊绕遍。数了罗汉，参了菩萨，拜了圣贤"。而战争场面，例如，三国戏之赤壁之战，也只是几名士兵在大将的

[①]《梅兰芳文集》，中国戏曲出版社 1962 年版，第 30 页。

统帅下，来回走动而已，真所谓"三五步万水千山，六七人千军万马"。宗白华还举了京剧《三岔口》和越剧《梁山伯与祝英台》的例子，说明运用可以描写的东西表达出不可以描写的东西。《三岔口》是著名的京剧武打戏，讲述任堂惠住店时因误会与店主刘利华深夜打斗的故事，舞台上不可能熄灭灯火，两人通过自己的动作清晰地表现了夜的存在。当然，这是演员通过自己的动作调动观众的想象而形成的虚构的"夜"，这就是化虚景为实景。《梁山伯与祝英台》的十八相送，是通过演员的歌舞表现了一路行来的各种景象，也是化虚景为实景。这一切都是在表演中通过调动观众的想象力才得以完成的。蓝凡将之称作中国戏曲的特殊的观众的"反观审美"。他说："虚拟动作的审美方式是一种反观式的审美方式，是一种逆转的主体表现客体，即审美主体必须通过角色的形体表演，才反过来感知审美对象的存在，而且只有通过表演者动作的逐步变化（移动），才最终完成感知上的这种长、高、宽——乃至整个实物对象的形状。"① 这种"反观审美"是观众以其生命情感参与的审美。所以，中国戏曲是完全向观众开放的，没有观众的参与戏无法演下去。中国戏曲没有所谓"第四堵墙"，戏曲演出不仅必须顾及观众，而且还要将观众看作整个戏曲的有机组成部分。例如，中国戏曲的特殊的"背供"就是剧中人面向观众说悄悄话，披露自己的心扉。例如，《西厢记》第二折写到张生为接近莺莺拿出五千钱参与莺莺为其先父超度道场时，问小和尚："那小姐明日来吗？"小和尚答道："他父母的勾当，如何不来！"此时，张生向观众"背供"道"这五千钱使得有些下落者"，说明他参与道场的目的是接近莺莺。在这里，他是将观众看作了自己的心腹朋友了。这样的"背供"比

---

① 蓝凡：《中西戏剧比较论》，学林出版社 2008 年版，第 25 页。

比皆是，成为中国戏曲演员与观众沟通的重要桥梁，也是戏曲的组成部分。这是西方戏剧中绝对没有的。其实，中国戏曲演出在很大程度上是中国前现代时期的一种群众的节日，无论是南方的社戏、目连戏，还是北方农民大集中的搭台演戏、东北的二人转、西北的二人台，大都如此。群众在野外的场地上观看草台班子的演出，常常是参与其间，陪同欢笑啼哭。观众是戏曲的主人之一，将看戏看作自己的重要生存方式。

总之，中国戏曲的虚拟化表演通过虚与实、演员与观众的相辅相成的关系形成一种艺术的张力与特有的魅力，如歌如画，如梦如幻，奇妙无穷。

三、戏剧结构：线性的生命情感的自然流露

线性结构也是中国戏曲的重要特点之一，是其作为"乐"的美学基调的重要表征。中国戏曲是一首不断流淌的生命之歌。因为，音乐都是流动的、线性的，而且是活泼生命的时间性的重要特点。所以，我们可以说，中国戏曲是生命的艺术、时间的艺术。中国戏曲线性结构产生的原因是由于中国戏曲主要是依靠情感的发展推动戏剧情节的进展的。相反，西方戏剧则是一种板块的结构，好似一幅一幅相对独立当然也具有内在联系的油画。它是依靠情节和人物的正面冲突来推动戏剧发展的，所以，我们可以说，西方戏剧是一

种空间的艺术，犹如一座座立体的雕塑或一幅幅写实的油画，向我们讲述着渗透理性精神的故事。诚如亚理斯多德所言，"情节乃悲剧的基础，有似悲剧的灵魂；'性格'则占第二位。悲剧是行动的模仿，主要是为了模仿行动，才去模仿在行动中的人"①。

对于中国戏曲的线性结构，李渔在其《闲情偶寄》中专门进行了论述，他将"立主脑"放在第二位，而将"密针线"放在第四位，这两者都与戏曲结构紧密相关，是中国戏曲线性结构的集中论述。所谓"立主脑"，即"作者立言之本意也"。所谓"本意"，即"一人一事"。他举例说道："一部《西厢》，止为张君瑞一人，而张君瑞一人，又止为'白马解围'一事，其余枝节皆从此一事而生。"李渔进一步论述了这一人一事线性展开的特点："后人作传奇，但知为一人而作，不知为一事而作。尽此一人所行之事，逐节铺陈，有如散金碎玉，以作零出则可，谓之全本，则为断线之珠，无梁之屋。作者茫然无绪，观者寂然无声……"他接着论述"密针线"的正确做法："编戏有如缝衣，其初则以完全者剪碎，其后又以剪碎者凑成。剪碎易，凑成难，凑成之工，全在针线紧密。一节偶疏，全篇之破绽出矣。每编一折，必须前顾数折，后顾数折。顾前者，欲其照映；顾后者，便于埋伏。照映埋伏，不止照映一人、埋伏一事，凡是此剧中有名之人、关涉之事，与前此后此所说之话，节节俱要想到。"②在此，李渔批评了"散金碎玉"的错误，强调"密针线""前后照映"，已经说到中国戏曲的前后连贯的线性结构特点。明代戏曲家王骥德在《曲律》中论述"套数"时指出："须先定下间架，立下主意，排下曲调，然后遣句，然后成章；切忌凑插，切忌将就。务

①（古希腊）亚理斯多德：《诗学》，罗念生译，人民文学出版社 1982 年版，第 23 页。
②（清）李渔：《闲情偶寄》，作家出版社 1995 年版，第 16、17、19 页。

如常山之蛇，首尾相应；又如鲛人之锦，不着一丝纰颣。"① 在此，王骥德对于中国戏曲之线性结构特征已经论述得非常明确，那就是有如蛇之行走，首尾相连，细针密线，连成一气。例如，同是爱情剧，《西厢记》的结构就不同于《阴谋与爱情》的结构。《西厢记》以"白马解围"为中心前后照应，连成一气，完全按照时间线索发展。该剧按照时间顺序设置了进寺、相遇、被围、解围、定情、赖婚、拷红、送别、团圆等线索设计，一气呵成，不留痕迹。即便是张生赴京赶考的半年时间，剧中也有交代。在第五本"团圆"之楔子中，张生出场唱道："自暮秋与小姐相别，倏经半载之际，托赖祖宗之荫，一举及第，得了头名状元。如今在客馆，听候圣旨御笔除授，惟恐小姐挂念，且修一封书，令琴童家去，达知夫人，便知小生得中，以安其心。"最后是皇帝亲授张生河中府尹并敕赐张生与莺莺为夫妇，完全是以白马解围为中心的线性的时间结构。而《阴谋与爱情》则是以情节冲突为主的块状结构，该剧以宰相瓦尔特与伍尔穆陷害斐迪南与露易丝的阴谋及冲突为主，以通过将露易丝父母投入监狱要挟露易丝写下给侍卫长的假情书蒙骗斐迪南，从而毒死情人，自己也服毒自尽的结局，设置了五幕，分别为序幕、冲突展开、高潮、转折、悲剧结局，为我们展示了五幅相互独立而又有联系的油画。在结构上，两剧差异明显，一是时间的，一是空间的；一是乐的，一是画的。

我们还可以比较元杂剧《赵氏孤儿》与伏尔泰所改编《中国孤儿》两者的区别，来看中国戏曲与西方戏剧在结构上的相异。《赵氏孤儿》为元代纪君祥所著，通过五折在时间之流中讲述的春秋时代惊心动魄的救孤的故事，歌颂了程婴等人将生死置之度外辅善惩恶的大义

---

① （明）王骥德：《曲律》，转引自陈多、叶长海《中国历代剧论选注》，上海古籍出版社 2010 年版，第 186–187 页。

凛然的高贵的生命情感。五折从孤儿降生、孤儿被救、牺牲己子、孤儿过继，到孤儿复仇，完全按照时间顺序的线性结构。法国著名作家伏尔泰 1755 年将之改编成《中国孤儿》，却将正义与邪恶的冲突改为情感与理智的冲突，最后是理智战胜情感，宣传一种启蒙主义的理性精神。其结构也是按照"三一律"的要求把赵氏孤儿的戏剧故事从历经二十多年缩短为一个昼夜，情节只采用了搜孤、救孤，从成吉思汗试图搜查前朝遗孤，斩草除根，到在尚德之妻伊达梅的劝导下予以谅解，一律免于追究加以宽恕的结局，完全是一种以宣扬理性为主旨的板块式油画结构。

正因为中国戏曲是一种线性结构，所以，它犹如国画之长卷，是一种"人随景移、步步可观"的散点透视，而西方戏剧则是一种与西洋油画相当的"焦点透视"。《西厢记》中张生之游殿，边游边唱，观众完全被他带到那样的景象，完全是与他同步的，从佛殿到僧院，再到厨房、法堂、洞房、宝塔与回廊，一一走来，是一种时间进程中的生命过程。这恰是中国古代美学与艺术的生命性特点所在。中国戏曲的线性结构还使三维的空间在戏中化成了一维的时间。上面说到的上楼下楼、跋山涉水、千军万马都是在舞蹈中完成的，这就是一种化空间为时间的特殊艺术化处理，是东方艺术的妙处所在。

四、演员表演：特有的"评述性"态度

戏剧演出中演员对于角色要有自己的态度。在世界戏剧领域，目前共有三种不同的态度。一种就是所谓表现派，一种是所谓体验派，一种就是评述性。前两种都是西方戏剧流行的演员对于角色的态度，最后一种是中国戏曲的特有态度。所谓表现派，最早由法国戏剧理论家狄德罗在《演员奇谈》中提出。他在肯定当时的著名演员克莱蓉时说："毫无疑问，她自己事先已塑造出一个范本，一开始表演，她就设法遵循这个范本。毫无疑问，她在塑造这个范本的时候要求它尽可能地崇高、伟大、完美。但是这个范本是从她戏剧脚本中取来的，或是她凭想象把它作为一个伟大的形象创造出来的，并不代表她本人。假如这个范本只达到她本人的高度，她的动作就会柔弱而小气了！由于刻苦钻研，她终于尽可能地接近了自己的理想。"[1] 在此基础上，布莱希特提出"间离效果"问题，即陌生化效果问题，也就是要求演员与角色保持距离，必须间离他所表演的一切。所谓体验派，则是苏联戏剧家斯坦尼斯拉夫斯基提出的，他认为，演员应该与角色融为一体，"开始与角色同样地去感觉，用我们的行话来说，这就叫'体验角色'"[2]。

　　关于中国戏曲演员到底是表现派还是体验派，曾经有过激烈的争论。有的说是表现派，有的说是体验派，有的说两派兼而有之等等，不一而足。这些以国外的理论来套中国戏曲特有的情况，其实是行不通的。因为，作为艺术的大前提，西方艺术作为"理念的感性显现"和中国艺术作为"天人合一"的生命论思想的呈现本来就有着极大的差异，无须硬将西方的理论来套中国的艺术。有的学者认为，中国戏曲是一种"神形兼备"的表演态度，我们不妨将之说成是一种"评述性"的表演态度。中国戏曲是以古代

---

① （法）狄德罗：《狄德罗美学论文选》，人民文学出版社 1984 年版，第 282 页。

② （苏）斯坦尼斯拉夫斯基：《斯坦尼斯拉夫斯基全集》（第二卷），中国电影出版社 1959 年版，第 28 页。

生命论哲学思想为其本源的，而生命论哲学思想是有着明确的善恶与正误道德的评价的，《周易》所谓"元亨利贞"四德之美就是中国最原初的道德评价，最后演变为忠孝节义等传统道德。戏曲就是这个传统道德的载体。元末明初戏剧家高明在《琵琶记》开场词中写道"不关风化体，纵好也徒然"，将风俗教化放到创作与演出的首位。另一位戏剧家夏庭芝写道，优秀戏剧应该是"皆可以厚人伦，美风化"。① 另外，从中国戏曲的来源看，中国戏曲与讲唱文学紧密相关，而讲唱文学就是一种评述性文本，讲唱者站在评述的立场演绎人物，中国戏曲继承了这一传统。李渔在《闲情偶寄》中指出："言者，心之声也，欲代此一人立言，先宜代此一人立心。"② 所谓"立言"与"立心"，就是代替角色之意，与角色保持着一定距离，具有评述性的意识。因此，有的戏剧家将这种评述性的演出叫作"钻进去，出得来"。所谓"钻进去"，就是对于角色的充分把握；所谓"出得来"，就是要站在第三者的视角来演出角色，这就要求以一种"评述性"的态度对待角色。中国戏曲中的定场诗、开场词，均站在第三者的角度介绍角色，这是其他国家的戏剧没有的。中国戏曲的角色脸谱也带有明显的评述色彩，曹操的大白脸是奸臣之相，而关羽的红脸则是忠义之相。《捉放曹》中曹操杀人后脸上马上抹上了一道红色，表示他有了血债，这就是对于角色的评价。中国戏曲中好人与坏人是截然分明的，一般不用通过剧情分辨。中国戏曲在很大程度上是演员与观众一起在载歌载舞中评述角色，所谓"生旦净末丑，喜怒哀乐愁"。正是通过这个评述体现了中国传统的道德原则与精神。

---

① 陈多：《中国历代剧论选注》，上海古籍出版社 2010 年版，第 89、95 页。
② （清）李渔：《闲情偶寄》，作家出版社 1995 年版，第 56 页。

五、戏曲收场："中和"审美与大团圆结局

古希腊亚理斯多德的悲剧观是一种通过怜悯与恐惧而达到陶冶的"卡塔西斯"。亚氏提出悲剧是一种情势向相反方向的逆转，而其结局则为毁灭和痛苦的遭遇，诸如当场丧命、悲痛、创伤等等。但中国古代却没有这样的悲剧，中国一般的悲情戏为痛苦伤情，但最后多为大团圆结局。明代戏剧家丘濬在《伍伦全备记》开场词中写道："亦有悲欢离合，始终开阖团圆。"① 李渔在《闲情偶寄·词曲部》中写道："全本收场，名为'大收煞'。此折之难，在无包括之痕，而有团圆之趣。"② 例如，《窦娥冤》中，尽管窦娥受尽冤屈，但最后其父中举廉访判案，窦娥冤魂出现使得重审此案，冤案得以昭雪；《梁山伯与祝英台》一剧的最后，也是双双化蝶，成双作对，都是大团圆结局。为此，许多学者认为，中国古代没有悲剧。蒋观云认为，"且夫我国之剧界中，其最大之缺憾，诚如訾者所谓无悲剧"，并认为此为他国所笑，亦可耻也。③ 朱光潜在《悲剧心理学》一书中认为，"对人类命运的不合理性没有一点感觉，也就没有悲剧，而中国人却不愿承认痛苦和灾难有什么不合理性"④。钱钟书认为，"悲剧乃最崇高的戏剧艺术，而吾国传统戏剧家在这方面，表现最

---

① 转引自陈多《中国历代剧论选注》，上海古籍出版社 2010 年版，第 108 页。
② （清）李渔：《闲情偶寄》，作家出版社 1995 年版，第 72 页。
③ 蒋观云：《中国之演剧界》，转引自蓝凡《中西戏剧比较论》，学林出版社 2008 年版，第 478 页。
④ 朱光潜：《悲剧心理学》，人民文学出版社 1983 年版，第 217 页。

弱"①。但也有些理论家认为，中国古代也有悲剧。王国维认为，中国戏剧自来就存在悲剧，"其最有悲剧之性质者，则如关汉卿之《窦娥冤》，纪君祥之《赵氏孤儿》。剧中虽有恶人交构其间，而其蹈汤赴火者，仍出于其主人翁之意志，即列之于世界大悲剧中，亦无愧色也"②。钱穆也认为，中国文学有自己的悲剧。例如，《尚香祭江》乃为中国戏剧中一纯悲剧，表现其爱夫之情坚贞不渝，而西方悲剧崇尚男女之爱而缺乏夫妇之爱。无论分歧多大，有几点需要说明：其一，中国作为文化古国一定会有自己的悲剧；其二，不能完全以西方悲剧观来解释中国古代悲剧，要从不同的国情出发；其三，中国的确没有古希腊那样的悲剧，但有自己的悲剧，可以称作"苦情戏"。而且，中国的大团圆结局有自己的民族文化根源。因此，中西悲剧与悲剧观是有着明显差异的。其一，哲学观与美学观的差异。西方的古代哲学观是"天人相分"的，其美学观是偏重于认识论的。因此，其悲剧就是一种人类无法主宰命运的命运悲剧，是一种人面对巨大自然的无法把握的失败与悲痛，是一种对于真的追求的崇高之感；而中国古代是一种"天人合一"哲学观，天地人构成须臾难离的共同体，人把自然宇宙看成自己的家园，而其美学观则是一种生存论生命美学，以追求"生生之谓易"（《周易·系辞上》）、"保合太和，乃利贞"（《周易·乾·彖》）的生命的健康旺盛、人生的吉祥安康为其审美目标。所以，其悲剧就是一种大团圆的结局，充分反映了中国人的生存状态。中国戏曲出现在元代，此后，戏剧成为世俗社会的一种生存方式，人们欣赏悲剧已经不在于对剧情的了解，而是着眼于演唱的观赏，是一种对美的追求。所谓"乐者，乐也"（《礼记·乐记》），是一种以愉悦为其旨归的艺术追求。

---

① 转引自蓝凡《中西戏剧比较论》，学林出版社 2008 年版，第 479 页注②。
② 王国维：《宋元戏曲史》，上海古籍出版社 2008 年版，第 87、88 页。

其二，地理经济环境的差异。古希腊濒临大海，人民以航海业与商业为生，生存的风险较大，剧烈的生活变动使之追求强烈的悲剧慰藉。而中国作为内陆国家与农业社会，以生活的稳定为其生存追求，不喜巨大的变动，追求一种"执其两端而用其中"的"中和论"生活观念，常常发生剧情发展中没有做到"好人好报，恶人恶报"而观众不愿离开戏院的情形，这就是大团圆结局的地理与经济原因所形成人民群众审美习惯特点。其三，宗教的差异。古希腊是一种多神教，对于神的信仰十分虔诚，后来发展到基督教。因此，古希腊悲剧，包括后来基督教的虔诚的信仰因素，使人将命运交给了神。中国古代没有占统治地位的宗教信仰，古代社会常常以礼乐教化代替宗教的作用，特别是元代之后戏剧发展之时，儒佛的影响更为深远，儒家的"忠恕""中庸"与佛家的"轮回报应"深入戏剧审美观念与风尚之中，这就是中国悲剧"善有善报、恶有恶报"的双重结局的宗教文化原因。其四，人生理想的差异。古希腊由于地处海洋，过的是经商的冒险生活，所尊奉的是与自然抗争的人生理想；中国古代的地理环境与农业生活占主要地位的生活方式，使人们遵循的是一种顺应自然与命运的人生态度，《论语》所谓"文质彬彬，然后君子"（《雍也》），以及"君子矜而不争"（《卫灵公》），道家倡导的"辅万物之自然而不敢为"（《老子·六十四章》）的人生态度等等，就是一种中国古代社会提倡的人生理想与态度。因此，"善有善报，恶有恶报"的大团圆双重结局，是中国戏曲的特点，也是中国人民的审美习惯的反映，与中国传统文化中"天地之大德曰生"（《周易·系辞下》），"元亨利贞"四德之美，"温柔敦厚"（《礼记·经解》）的古典生命论哲学与美学密切相关，充分反映了这种生命论美学内涵。

　　总之，中国戏曲以其特有的格调风貌，体现了中国人民的生存方式，演绎了他们的喜怒哀乐，表达了他们的性格理想，积累了丰富的民族审美与文化元素，值得我们为之自豪与骄傲。作为仍然活跃的非物质文化遗产，我们要给予中国戏曲很好的爱护、保护与发扬，使之在新世纪继续滋养与温暖广大人民的情感与心灵。

（南宋）佚名《杂剧打花鼓图》

《梅兰芳舞台剧照》

第九章

园林的宜居之美：

虽由人作，宛自天开；

巧于因借，精在体宜

中国园林为世界三大园林之一，是中国传统文化的重要组成部分，是中华民族的瑰宝。中国园林，主要包括皇家园林、宗教寺观园林与私家园林三大类。私家园林多处于山水之中，为文人墨客息心遣兴、畅神抒怀之用。这类园林最具中国特色，最能反映中国传统文化的意蕴精华。本章以计成的《园冶》、文震亨的《长物志》与李渔的《闲情偶寄》为主要依据，着重探讨中国古典园林，尤其是山水写意园林的造园的艺术理念与审美特征。

一、畅神写意，天人合一
——造园之文化根源

"写意"是中国绘画重要技法之一，相对于工笔画来说，写意画不追求细节逼真，而是以简劲的笔墨表现对象的情趣和画家的意趣。中国写意画以自然山水为重要表现对象，由此产生写意山水之类的画种。山水画兴起于魏晋时期，当时，由于儒教衰落、政治动乱，加之玄学的发展，士人以清谈玄理为精神追求。东晋南渡之后，更发展为寄情于山水，放浪形骸，促使以自然山水为对象的山水绘画兴起。最早的山水画论为晋宋时期宗炳的《画山水序》，该文指出："圣人含道映物，贤者澄怀味像。至于山水，质有而趣灵。"又说：

"圣贤映于绝代，万趣融其神思。余复何为哉？畅神而已。神之所畅，孰有先焉。"① 宗炳认为，自然山水以"趣灵"而成为审美对象，山水画的创作"以应目会心为理"，"以形写形，以色貌色"，由于"万趣融其神思"，从而使人于"澄怀味像"之时得以"畅神"。② 这表明，山水画兴起之际即强调以"形""色"写其"趣灵"，"融其神思"。唐代是山水画发展的鼎盛时期，出现了以李思训等为代表的北宗青绿着色山水和以王维为代表的南宗水墨山水。王维开启了中国以笔墨为主、重"写意"的文人画传统，他主张"夫画道之中，水墨最为上。肇自然之性，成造化之功"③，又明言"凡画山水，意在笔先"④。

几乎与山水画的兴起同时，山水写意园林也勃然兴起。魏晋之时，在皇家园林与贵族园林之外，私家园林开始出现。加之当时玄学的流行，私家园林的山水写意倾向得到发展。晋石崇在河南金谷涧中建有著名的金谷园别业，"其制宅也，却阻长堤。前临清渠，百木几于万株，流水周于舍下。有观阁池沼，多养鱼鸟。家素习技，颇有秦赵之声。出则以游目弋钓为事，入则有琴书之娱。又好服食咽气，志在不朽，傲然有凌云之操"⑤。金谷园有山林之盛，建园、游园之目的在于寄托"凌云之操"。王羲之著名的《兰亭集序》乃为永和九年三月三日众文人会聚山阴兰亭"修禊事"而作，既描写了兰亭"有崇山峻岭，茂林修竹，又有清流激湍，映带左右，引以

---

① （南朝宋）宗炳：《画山水序》，王伯敏等主编《画学集成·六朝—元》，河北美术出版社 2002 年版，第 12、13 页。
② （南朝宋）宗炳：《画山水序》，王伯敏等主编《画学集成·六朝—元》，河北美术出版社 2002 年版，第 12 页。
③ （唐）王维：《山水诀》，俞剑华编著《中国古代画论类编》，人民美术出版社 2004 年版，第 592 页。
④ （唐）王维：《山水论》，俞剑华编著《中国古代画论类编》，人民美术出版社 2004 年版，第 596 页。
⑤ （晋）石崇：《思归引序》，（清）严可均编《全上古三代秦汉三国六朝文》（第四册），河北教育出版社 1997 年版，第 344 页。

为流觞曲水"的山林风物，又指出兰亭之会的"游目骋怀，足以极视听之娱""畅叙幽情"①的园林审美活动。唐代王维在长安附近的辋川建有别业，并写有著名组诗《辋川集》，以诗歌咏其间的重要风物，典型地表现了文人园林的山水写意特点。如《孟城坳》"新家孟城口，古木余衰柳。来者复为谁？空悲昔人有"，表现的是古今之"悲"；《华子冈》"飞鸟去不穷，连山复秋色。上下华子冈，惆怅情何极！"，表现了"惆怅"之情；《鹿柴》"空山不见人，但闻人语响。返景入深林，复照青苔上"，表现了"空寂"之情；如此等等。

宋代以至明清，文人的山水写意园林得到更大发展，并先后出现了明代计成的《园冶》、文震亨的《长物志》、清代李渔的《闲情偶寄》等专论山水写意园林的理论专著。特别是计成的《园冶》，被誉为世界造园史上最早的系统论著。《园冶》既是有明一代造园的总结，又对我国整个造园史之艺术理念、审美追求等进行了系统发挥，成为我国园林美学的理论结晶。这部全面深刻的造园论著出版于 1631 年，距今 392 年，其意义非同小可，历史上将之与《考工记》并列，是很恰当的。

中国山水写意园林和山水绘画、山水文学一样，都植根于中国文化之精神，其中最主要的是"天人合一"之哲学观与文化观。著名画家傅抱石曾指出："西洋画是科学的，中国画是哲学的、文学的。所以中国画是抽象的、象征的。"因此，中国画极重"写意的精神"②。美学家宗白华更指出，"'测地形'之'几何学'为西洋哲学之理

---

① （晋）王羲之：《〈三月三日兰亭诗〉序》，（清）严可均编《全上古三代秦汉三国六朝文》（第四册），河北教育出版社 1997 年版，第 273 页。

② 傅抱石：《中国绘画之精神》，叶宗镐、万新华选编《傅抱石论艺》，上海书画出版社 2010 年版，第 172、173 页。

想境。'授民时'之'律历'为中国哲学之根基点";并认为,"中国'本之性情,稽之度数'之音乐为哲学象征"①。中国古代哲学是一种诗性的哲学、艺术的哲学,追求"言外之意""象外之象""味外之旨"。儒家的"比德""言志"说等,道家的"道法自然""大象无形"论等,佛学禅宗的"境界"追求等等,都对中国山水写意园林的艺术理念与审美追求产生了深刻影响。

二、境仿瀛壶,意境创造
——造园之艺术目标

　　计成的《园冶》是对中国传统造园,也就是园林建筑经验的总结。造园之艺术目的是什么呢?陈从周认为,是意境的创造。他说:"文学艺术作品言意境,造园亦言意境。""园林之诗情画意,即诗与画之境界在实际景物中出现之,统名之曰意境。"②"意境"这一东方美学概念,是儒道释各种思想交融汇合的成果。唐代王昌龄在《诗格》中提出了"诗有三境"之说,即"物境""情境"与"意境":"诗有三境:一曰物境。欲为山水诗,则张泉石云峰之境,极丽绝秀者,神之于心,处身于境,视境于心,莹然掌中,然后用思,了然境象,故得形似。二曰情境。娱乐愁怨,皆张于意而处于身,然后驰思,深得其情。三曰意境。亦张之于意而思

① 宗白华:《形上学——中西哲学之比较》,林同华主编《宗白华全集》(第一卷),安徽教育出版社 2008 年版,第 587 页。
② 陈从周:《说园》,《陈从周全集》(第 6 卷),江苏文艺出版社 2013 年版,第 18 页。

之于心，则得其真矣。"①晚唐司空图《与极浦书》说："戴容州云：'诗家之景，如蓝田日暖，良玉生烟，可望而不可置于眉睫之前也。'象外之象，景外之景，岂容易可谈哉？"②这些关于意境的论述，主要就诗歌，尤其是山水诗而言，但意境的审美特征，如情境合一，含韵外之致等，也与写意园林之意境相通。计成在《园冶》中多次提出"境界""妙境"与"深境"之说，他关于园林意境更形象的表述是"境仿瀛壶"与"别壶之天地"等。他说："境仿瀛壶，天然图画。意尽林泉之癖，乐余园圃之间。"（《园冶·屋宇》）③"瀛壶"，即汉代以来传说的海外三神山之一的瀛洲，为神仙逍遥之所。"境仿瀛壶"之说，即要求所选之园既如"天然"自生，又可供人怡情逍遥。这就要求造园要能以小见大，有令人向往的神韵。他又说："砖墙留夹，可通不断之房廊；板壁常空，隐出别壶之天地。"（《园冶·装折》）这是要求造园时在砖墙之间留有夹隙，板壁上要开空窗，从而透露出或导引向深邃、悠远的境界。"别壶之天地"出自《后汉书·费长房传》，费长房曾在市中见一老人悬壶卖药，市罢即跳入壶中。后费长房与老翁"俱入壶中。唯见玉堂严丽，旨酒甘肴，盈衍其中"④。

　　计成对园林意境的经典表述，是他的"虽由人作，宛自天开"（《园冶·园说》）。这与唐人张璪论绘画的"外师造化，中得心源"之意相近，均言天人合一、人工与天然交融，正是造园之要旨、意境之所在。首先当然是"人作"。所谓造园，即造园师运用石、水、树、

①（唐）王昌龄：《诗格》，肖占鹏主编《隋唐五代文艺理论汇编评注》（上册），南开大学出版社 2002 年版，第 346 页。

②（唐）司空图：《与极浦书》，郭绍虞、王文生主编《中国历代文论选》（第二册），上海古籍出版社 1979 年版，第 201 页。

③（明）计成：《园冶注释》（第二版），陈植注释，中国建筑工业出版社 1988 年版，第 79 页。本章下引《园冶》，均据此本，仅注篇名。

④（南朝宋）范晔：《后汉书》，中华书局 1965 年版，第 2734 页。

花等物资材料，在地面上建造出如画的山水、台阁与亭榭。从中国写意山水的角度来看，造园可以说就是使二维的、平面的绘画三维化、立体化。计成本身就善画，"少以绘名，性好搜奇，最喜关全、荆浩笔意，每宗之"。他曾为吴玄造园，有意识追求"宛若画意""想出意外"。园成，姑孰曹元甫"称赞不已，以为荆关之绘也"（《园冶·自序》）。计成的"人作"，还包含着"意在笔先"之意。如他在谈到造园之"借景"要"应时而借"时，就进一步发挥道："然物情所逗，目寄心期，似意在笔先，庶几描写之尽哉。"（《园冶·借景》）"意在笔先"，要求造园师在造园中发挥主导作用，所谓"从心不从法"①"三分匠，七分主人""非主人也，能主之人也"（《园冶·兴造论》）等等。山水写意园林是造园师的一种艺术创造，是他们画在大地上的山水画。清人李渔自称"生平有两绝技"，"一则辨审音乐，一则置造园亭"。他的造园，"因地制宜，不拘成见，一榱一桷，必令出自己裁，使经其地、入其室者，如读湖上笠翁之书，虽乏高才，颇饶别致"（《闲情偶寄·居室部·房舍》）②。当然，造园之对于意境的追求，不仅仅停留在"人作"之上，还有"宛自天开"，即合于自然的一面，正如计成所说，"有真为假，做假成真。稍动天机，全叨人力"（《园冶·掇山》）。就是说，山水写意园林最重要的是要"做假成真"，通过造园师的聪明智慧使园林呈现"天然图画"，有"宛自天开"之妙。计成在谈到造园叠石为山时，批评不擅造园者在厅前缀一壁，楼前树三峰，显得不伦不类。他主张"散漫理之，可得佳境也"（《园冶·园山》），即强调掇山应该自然而然，不拘一格，如此方能创造佳境。计成还针对厅前、围

---

① （明）郑元勋：《题词》，计成《园冶注释》（第二版），陈植注释，中国建筑工业出版社 1988 年版，第 37 页。

② （清）李渔：《闲情偶寄》，作家出版社 1995 年版，第 168 页。本文下引《闲情偶寄》，均据此书，仅注篇名。

墙外的园林布置提出正面意见："或有嘉树，稍点玲珑石块；不然，墙中嵌理壁岩，或顶植卉木垂萝，似有深境也。"（《园冶·厅山》）可见，这样布置是为了营造深幽之境。此外，关于池上叠山，计成认为："池上理山，园中第一胜也。若大若小，更有妙境。就水点其步石，从巅架以飞梁。洞穴潜藏，穿岩径水；峰峦飘渺，漏月招云。莫言世上无仙，斯住世之瀛壶也。"（《园冶·池山》）可见，"佳境""深境""妙境"等胜境之创造为造园之第一要务。造园如能做到"宛自天开"，使人造的园林如"天然图画"，则可成就自然胜境，所谓"竹里通幽，松寮隐僻。送涛声而郁郁，起鹤舞而翩翩。阶前自扫云，岭上谁锄月？千峦环翠，万壑流青。欲藉陶舆，何缘谢屐"（《园冶·山林地》），一派清、幽、雅、闲的出世境界。这样的园林，正如明人文震亨《长物志》所说，自然可以产生忘怀息心的审美效果："令居之者忘老，寓之者忘归，游之者忘倦。"（《长物志·室庐》）[1]

三、巧于因借，以动观静
——造园之自然观

关于造园的原则，计成有句话说得非常精当："巧于因借，精在体宜。"（《园冶·兴造论》）"巧于因借"包含着丰富的内涵，揭示出山水写意园林造园实践中的自然观，也就是在造园中如何因

---

[1]（明）文震亨：《长物志校注》，陈植校注，江苏科学技术出版社1984年版，第18页。本文下引《长物志》，均据此书，仅注篇名。

应、借助自然这一非常核心和重要的问题。所谓造园，重要的是处理好园林设计与自然素材的关系问题。首先，计成提出需要"巧"加处理，也就是巧妙地处理。这个"巧"字反映了我国传统造园理论与实践中非常重视自然，重视人与自然的关系，将之放到首位。当然，这也是我国"天人合一"的文化传统使然。即使在前现代社会的历史条件下，我国的造园理论与实践对于自然的尊重也已经达到相当自觉的程度。关于"因"，计成说："因者，随基势之高下，体形之端正，碍木删桠，泉流石注，互相借资，宜亭斯亭，宜榭斯榭，不妨偏径，顿置婉转，斯所谓'精而合宜'者也。"（《园冶·兴造论》）所谓"因"，指造园时要充分因顺、借助自然环境原有的"高下""端正"等形态，进行适宜的创造。计成强调造园要因顺、借助自然的地势与体形，尽量不做根本性的改变。具体来说，就是造园要适当地处理自然中之树木、水石等等原有资源，对亭、榭、径等进行合理的安排。他提出的原则是"互相借资""精而合宜"，做到人意与自然、自然与自然之间相互适应、相互协调。计成提出的"不妨偏径，顿置婉转"的问题，认为"因借"需要考虑到造园之曲折、偏径与虚实婉转这样的造园艺术要求，我们另节论述。总之，在"因"的问题上，计成提出了"互相借资"与"精而合宜"的原则，实际上是一种人与自然的适应与和谐。此外，计成讲造园之"因借"，还提出了因于时令的问题。《园冶》在谈到园林中"书屋"的安排时说："惟园林书屋，一室半室，按时景为精，方向随宜。"（《园冶·屋宇》）这就是说，造园时安排"书屋"要考虑到不同时令的景色特点，要做到不同时令均可欣赏到美丽的景色。计成的这一看法，和中国画论强调山水绘画要能够揭示不同时令之下自然风景之特色是相应的。如，王维在《山水论》中就提出"凡画山水，须按四时"，写春景要"雾锁烟笼，长烟引素"，状夏景要"古木蔽天，绿水无波"，绘秋景要"天如水色，簇簇幽林"，摹冬景要"借地为雪，樵者负薪"①，如此等等。计成还提出根据山林审美之需要而"因"的问题，他在谈到造园掇山问题时说，"宜台宜榭，邀月招云；成径成蹊，寻花问柳""山林意味深求，花木情缘易逗"（《园冶·掇山》）。园林之中某处，是该置台置榭，该辟成小径还是小路，都要根据欣赏风景的需要。台一般建在地势较高之处，便于眺望；榭一般建于水旁，便于欣赏水景。当然，更重要的是有利于创造山林意境，即所谓发掘山林的意味与欣赏花木的情缘。

计成的造园理论与实践在对待自然环境方面还非常重视依据自然山水树木之性，尊重自然，爱护自然。明人郑元勋在给《园冶》做的《题词》中指出，计成之造园"所谓地与人俱有异宜，善于用因，莫无否若也"②，即认为计成善于因地因人而制宜，尊重"地"与"人"之性，通过"巧于因借"而使人与自然合"宜"。计成在谈到造园选址时，特别提到"多年树木，碍筑檐垣，让一步可以立根，斫数桠不妨封顶"（《园冶·相地》）。在造园过程中如果遇到多年生长的老树妨碍房屋的建筑，就要保护老树，将建筑的基址挪移开去，避免伤及老树之根，保住老树的生命。再适当剪去老树的枝丫，使得建筑物可以封顶。在造园选石的问题上，计成从珍贵的石材属于非再生资源的角度提出"石非草木，采后复生"（《园冶·选石》），因而需要节用。这一观点非常可贵。此外，计成还倡导造园时对自然材料的选择和使用要尽量保留其原貌，使之生"野趣"或"野致"。

---

① （唐）王维：《山水论》，王时敏等主编《画学集成·六朝一元》，河北美术出版社 2002 年版，第 65 页。
② （明）郑元勋：《题词》，计成《园冶注释》（第二版），陈植注释，中国建筑工业出版社 1988 年版，第 37 页。

如，在讲到园林之围墙的修建时，计成在石砌和编篱之间选择编篱，因为编篱可以保留"野致"。他说："凡园之围墙，多于版筑，或于石砌，或编篱棘。夫编篱斯胜花屏，似多野致，深得山林趣味。"（《园冶·墙垣》）

关于"借"，计成指出，"借者，园虽别内外，得景则无拘远近。晴峦耸秀，绀宇凌空，极目所至，俗则屏之，嘉则收之，不分町畽，尽为烟景。斯所谓'巧而得体'者也"（《园冶·兴造论》）。所谓"借"，就是突破园林所构成的空间上的内外界限，使园内园外"无拘远近"都可"得景"。显然，"借"以"得景"即风景的欣赏为原则。计成认为，园林虽有围墙以分内外，但"得景"却应"无拘远近"，造园既要"别内外"，又要巧借外景，对外景"俗则屏之，嘉则收之"，使于园内可观"晴峦耸秀，绀宇凌空"，园内园外"尽为烟景"。这就是他所倡导的巧妙地对于自然的因借。计成的所谓"借"，内容广泛，"夫借景，林园之最要者也，如远借，邻借，仰借，俯借，应时而借"（《园冶·借景》）。"借景"包括因远近、方位、时令而借等内涵，远借高山湖泊，近借树木花草，仰借天上的彩虹飞雁等等，不一而足。时令是指节气，早中晚夜与春夏秋冬四时景致均有区别，可以不同借用。朝霞夕阳，春花秋月，夏日炎炎，冬雪飘舞，都在借景的范围。此外，还有声音与色彩的借用等。计成指出，"萧寺可以卜邻，梵音到耳；远峰偏宜借景，秀色堪餐。紫气青霞，鹤声送来枕上；白苹红蓼，鸥盟同结矶边"（《园冶·园说》）。这里所谈到的"借景"，又有氛围之借，如萧寺、紫气；有景物之借，如远峰、红蓼；有声音之借，如梵音、鹤声等；非常丰富。这种远、近、深、仰、邻等等"借景"，既是景的丰富，又揭示出园林审美是一种从不同视角的观赏，是一种动态中的观赏。中国传统艺术以特有的多视角透视为结构模式。因此，中国的艺术审美是一种行动中的生命中的人对于景物的欣赏，而不是以焦点透视所构成的西方古代艺术所要求的静止的观照。这种多视角透视，中国传统画论中将之称为"三远"，即自上而下之"高远"，自前而后之"深远"，自近而远之"平远"，从而产生"景随人迁，人随景移，步步可观""四方上下各方看取"等审美效果。这种审美效果，在山水写意园林的造园中主要是通过"借景"达到的。因此，"借景"提示出园林审美的特有的以动观静的审美方式。

李渔在《闲情偶寄》中提出"取景在借"之说，并以三个典型案例生动地描述了造园中"借景"以达到以动观静的效果，还设计出相关图案，非常有价值。其一是通过"便面"借景，指在湖舫两侧各开一扇形舷窗，处身船舫中，透过敞开的舷窗随舟之行而观赏两岸风景。"坐于其中，则两岸之湖光山色、寺观浮屠、云烟竹树，以及往来之樵人牧竖、醉翁游女，连人带马尽入便面之中，作我天然图画。"（《闲情偶寄·居室部·窗栏·取景在借》）其二是以窗为画，借外景以实之。如窗外"有小山一座，高不逾丈，宽止及寻。而其中则有丹崖碧水，茂林修竹，鸣禽响瀑，茅屋板桥。凡山居所有之物，无一不备"。于是，"裁纸数幅，以为画之头尾，乃左右镶边。头尾贴于窗之上下，镶边贴于两旁，俨然堂画一幅，而但虚其中。非虚其中，欲以屋后之山代之也"。他称这种窗子为"无心画""尺幅窗"，认为"坐而观之，则窗非窗也，画也；山非屋后之山，即画上之山也"（《闲情偶寄·居室部·窗栏·取景在借》）。这是一种以动观静的"借景"。其三是借枯木为景。"取老干之近直者，顺其本来，不加斧凿，为窗之上下两旁，是窗之外廓具矣。再取枝柯之一面盘曲、一面稍平者，分作梅树两株，一从上生而倒垂,一从下生而仰接。其稍平之一面则略施斧斤,去其皮节而向外,以便糊纸;其盘曲之一面,则匪特尽全其天,不稍戕斫,并疏枝细梗而留之。既成之后,剪彩作花,分红梅、绿萼二种,缀于疏枝细梗之上,俨然活梅之初着花者。"李渔称这种窗为"梅窗",并自认为"生平制作之佳,当以此为第一"(《闲情偶寄·居室部·窗栏·取景在借》)。这也是一种以动观静之"借景"。

山水写意园林之自然观继承了"天人合一"的文化理念,内涵丰富,几乎渗透到造园理论的一切方面,"因借"只是其重要一维。不过,也有学者认为,中国园林有"反自然"的倾向。台湾学者汉宝德在其《物象与心境——中国的园林》的《自序》中说,"我也感觉到中国园林反自然的本质"[①],但该书正文并未就此展开论述。如果不是印刷错误,则可能和该书主要根据汉赋等文献的记载来探讨中国早期皇家园林有关。皇家园林,劳民伤财、破坏自然的现象当然存在。但中国古典园林总体上是遵循着"天人合一"的文化传统,尤其是山水写意园林,以"因借"为其宗旨,有着很明显很强烈的顺应自然、尊重自然、亲和自然的倾向。中国传统文化产生于前现代之农业社会,本质上有一种天然的亲近自然的意识。因此,中国园林之造就,特别是山水写意园林这种对于自然的顺应与尊重,应该是我们今天的园林建设,乃至城市建筑应该继承之处。相对而言,西方传统的造园的那种大规模改变自然的行为倒真的带有反自然的本质。如,著名的法国凡尔赛宫,就是在原本无水、无景、无树的最荒凉之不毛之地建造的。该园占地逾 6000 公顷,从 1661 年动工,历时 28 年,分三个阶段建造,最终成为欧洲历史上最大最豪华的宫苑之一,体现了法国国王"征服自然的乐趣"[②]。

---

① 汉宝德:《物象与心境——中国的园林》,台北幼狮文化事业有限公司 1990 年版,第 4 页。
② 朱建宁:《西方园林史——19 世纪之前》,中国林业出版社 2008 年版,第 108 页。

四、精在体宜，宜居有方
——造园之宜居观

　　计成认为，造园最终之归宿是"精在体宜"，所谓"妙于得体合宜，未可拘率"（《园冶·兴造论》），即言造园最基本的是"得体合宜"，而不可拘泥于陈规。这里使用一个"精"字，说明"得体合宜"反映了造园的质量，是最重要的因素之一。所谓"体宜"是一个空间的概念，具有"处所"的适宜之意，大致相当于我们在生态美学研究中常用的西语"place"，非常重要。计成"体宜"的观念，表现在他对"许"字的重视上。明末阮大铖在为《园冶》所作的《冶叙》中谈到他游览计成所建之寤园之感受时，说："乐其取佳丘壑，置诸篱落许，北垞南陔，可无易地。"① 这说明，寤园是一个山林美丽、篱落错置、适合隐居的处所。计成在谈到造园廊房基址的选定时，强调"或余屋之前后，渐通林许"（《园冶·廊房基》）。"林许"，即通向林间的处所。因此，计成所谓的"体宜"，涉及对于自然环境之处置的"合宜"："故凡造作，必先相地立基，然后定其间进，量其广狭，随曲合方。"（《园冶·兴造论》）这是总的原则。具体要求，如，门楼基址的"合宜"，"园林屋宇，虽无方向，惟门楼基，要依厅堂方向，合宜则立"（《园冶·门楼基》）；再如，"曲折"与"端方"关系处置的"合宜"，"曲折有条，端方非额。如

———————————
① （明）阮大铖：《冶叙》，杨光辉编注《中国历代园林图文精选》（第四辑），同济大学出版社2005年版，第3页。

端方中须寻曲折，到曲折处还定端方。相间得宜，错综为妙"（《园冶·装折》）；如此等等。

文震亨的《长物志》和李渔的《闲情偶寄》对造园之"得体合宜"也有较为全面的阐述。《长物志》有《海论》一篇，主要讨论造园之"避忌"与"合宜"问题，其总的原则是"随方制象，各有所宜。宁古无时，宁朴无巧，宁俭无俗"。具体来说，主要包括：其一是用途的"适宜"。如，"承尘"（天花板）不可滥用，"此仅可用之廨宇中"，"廨宇"，即官舍；内室需有女眷躲避男宾的"避弄"；"暖室不可加簟"，"簟"，即竹凉席；"面北小庭，不可太广，以北风甚厉也"；等等。其二是气候条件之"合宜"。如，"南方卑湿，空铺最宜"。"空铺"，即讲究室屋之空敞通风。其三是防止低俗。小室"忌纸糊，忌作雪洞，此与混堂无异"。"混堂"，即浴室。尤为可贵的是，文震亨将"得体合宜"的观念发展为对自然资源与人的生存之健康的思考，提出一些非常有价值的看法。如，他讲"凿井"，提出"井水味浊，不可供烹煮。然浇花洗竹，涤砚拭几，俱不可缺"（《长物志·凿井》）；又如，他讲雨水的运用，认为"秋水为上，梅水次之"，春水因"和风甘雨"，故胜冬水，而"夏月暴雨""最足伤人"，故"不宜"（《长物志·天泉》）。地下水以"清寒"者为上，"瀑涌湍急者勿食，食久令人有头疾。如庐山水帘、天台瀑布，以供耳目则可，入水品则不宜"（《长物志·地泉》）。至于江河之水，以"去人远"者为佳，"河流通泉窦者，必须汲置，候其澄澈，亦可食"（《长物志·流水》）。

计成提出的"巧于因借"与"精在体宜"，这两个方面是紧密联系、不可分割的，前者是因，后者是果，共同构成了山水写意园林之完备的宜居理念。"宜居"，是当代生态美学的重要范畴，也是当代生态文明建设的重要组成部分。中国山水写意园林所呈现的宜居观包含这样几个方面的内容：其一，宜于人的生命与生存。这是山水写意园林宜居观之首位，涉及居住、饮水、风寒、雨暴、气候、朝向、便宜等等诸多方面。其二，宜于人的精神与社会生活。山水写意园林之主要目标之一就是畅神寄情，消闲怡志，是一种对于清、雅、幽之境界的追求。其三，宜于人与自然的互相促进。这里的"相宜"，也可以称为"互因"，也就是人与自然互为依靠，互相借资。这在山水写意园林之理论论著中反映得较为明显，计成等人所谓的"因"，不仅仅是因于自然环境，而且也包括自然环境因于人，宜于两者的互因互借。只有宜于自然环境，才能宜于人。同样，也只有宜于人，才能宜于自然环境。这里的"因"与"宜"之关系有辩证的意味，或者说体现了中国文化特有的阴阳互生的太极思维的意味。李渔在论述房舍与人之关系时，提出了"宜""适"与"称"三个概念。所谓"宜"，即宜于人之春夏秋冬之居住，不可"宜于夏而不宜于冬"；所谓"适"，即指将"宜"普及到所有人群，包括主人与宾客，"及肩之墙，容膝之屋，然适于主而不适于宾"；所谓"称"，即指环境与人相称，所谓"吾愿显者之居，勿太高广。夫房舍与人，欲其相称"（《闲情偶寄·居室部·房舍》）。其四，宜于自然。中国山水写意园林的"因借"，包括对于自然环境的尊重与保护，如计成提出了遇老树要"让一步可以立根"，以及对石材等珍稀资源要节俭使用等，非常可贵。其五，宜于发挥自然的造福于人类的积极作用。造园理论中，强调通过近借、远借、邻借、仰借、四时相借等多种途径，使人能充分欣赏到自然美景。总之，中国山水写意园林之宜居观是非常全面、先进的，具有重要价值和意义，值得借鉴。

五、虚实蜿蜒，充满生意
——造园之生命艺术观

　　"巧于因借，精在体宜"作为山水写意园林之造园原则，具体体现为虚实相生的、以时间处理空间的特殊的东方式造园手法。"因"于自然是实，"借景"于自然。所谓"体宜"，是一种最恰当的空间处理，是通过"巧于因借"实现的"体宜"。这种在时间的流动中安排布置空间的方法，使造园达到境界全出。宗白华说："建筑和园林的艺术处理，是处理空间的艺术。老子就曾说：'凿户牖以为室，当其无，有室之用。'室之用是由于室中之空间，而'无'在老子又即是'道'，即是生命的节奏。"① 这里所谓"无"即虚，"无"之道的生命节奏，实际上是虚实相生产生的生命节奏。《周易·易传》有言："一阴一阳之谓道，继之者善也，成之者性也。"说明阴阳相生是变易发展的规律，是天地社会发展的本真，人行大道的本性，也是生命艺术的产生发展的规律。造园的无与有、虚与实、因与借的相反相生，就是这种阴阳相生规律的反映。这是一种"充满生意"的生命之美。文震亨在讲到造园之"广池"问题时，说："池傍植垂柳，忌桃杏间种。中畜凫雁，须十数为群，方有生意。"（《长物志·广池》）这里使用的景色都是虚实相生的，例如，垂柳之动与水面之静、桃花之红与杏

---

① 宗白华：《中国美学史中重要问题的初步探索》，王德胜编选《宗白华美学与艺术文选》，河南文艺出版社 2009 年版，第 26 页。

花之白，凫雁之游与荷叶之静，都是虚实相生、相反相成的，如此"方有生意"。李渔在讲"取景在借"时讲到运用"便面画""尺幅窗""梅窗"等，都包含着通过人的创造性进行布置、更移，使窗之静与画之动虚实相生，生机毕现。他说："便面不得于舟，而用于房舍，是屈事矣。然有移天换日之法在，亦可变昨为今，化板成活，俾耳目之前，刻刻似有生机飞舞，是亦未尝不妙。"（《闲情偶寄·居室部·窗栏·取景在借》）

虚实相生可以说是山水写意园林造园之基本规律，是创造境界的必要途径。计成《园冶》之导论《园说》即贯串了虚实相生的基本精神。他说："径缘三益，业拟千秋。围墙隐约于萝间，架屋蜿蜒于木末。山楼凭远，纵目皆然；竹坞寻幽，醉心即是。轩楹高爽，窗户虚邻，纳千顷之汪洋，收四时之烂漫。梧阴匝地，槐荫当庭；插柳沿堤，栽梅绕屋；结茅竹里，浚一派之长源；障锦山屏，列千寻之耸翠。虽由人作，宛自天开。"（《园冶·园说》）这段话，可以看作计成对园林之景物设计与审美体验的总要求。在这里，"围墙隐约""架屋蜿蜒""窗户虚邻""栽梅绕屋""障锦山屏"等，都是虚实相生之幽深静雅之诗情画意，充满生命意味。在造园之各方面的具体要求上，计成也始终强调虚实相生。如，关于"相地"，他提出"如方如圆，似偏似曲；如长弯而环壁，似偏阔以铺云"（《园冶·相地》）。即要求园基之选址，要方圆得当，偏曲有致，狭长弯曲似回环之壁，地势广阔似层叠的云彩，将曲折、环绕、层叠等虚实结合放到首要位置。关于"立基"，他提出"房廊蜒蜿，楼阁崔巍"（《园冶·立基》）；关于"厅堂立基"，他提出"深奥曲折，通前达后"（《园冶·厅堂基》）。对于"装修"，要求做到"曲折有条，端方非额""相间得宜，错综为妙"(《园冶·装折》)。设置曲水流觞,要注意"上理石泉,口如瀑布,亦可流觞,似得天然之趣"(《园冶·曲水》)。相对而言,造园之"借景"最能得虚实相生之妙。所以,计成指出,"夫借景,林园之最要者也""构园无格,借景有因""因借无由,触情俱是"(《园冶·借景》),借景与情之所系密切相关,一切景语皆情语,虚实相生是一种生命情缘的生成。此外,计成还重视色彩虚实之对比,所谓"画彩虽佳,木色加之青绿;雕镂易俗,花空嵌以仙禽"(《园冶·屋宇》)。这是一种木色与青绿、空花与雕镂等不同色彩、形状的虚实对比。至于声音之虚实对比,则有"竹里通幽,松寮隐僻。送涛声而郁郁,起鹤舞而翩翩。阶前自扫云,岭上谁锄月"(《园冶·山林地》)。这是以竹里通幽、松寮隐僻之虚对比涛声郁郁、鹤舞翩翩之实。凡此种种,不胜枚举。风景之隐与现是造园之虚实的典型表现,山水写意园林以曲径通幽见长,多设照壁,将景致隐于壁后,使林木花草与亭台楼阁互相掩仰错置,造成一种"山重水复疑无路,柳暗花明又一村"之感,使之蕴有含蓄的韵味。

总之,园林之虚实相生创造出一种特有的超凡脱俗的生命样态,为山水写意园林之意境也。明郑元勋在其《影园自记》中写道,他欲得城南废圃为"养母读书终焉之计",并说该园"环四面柳万屯,荷千余顷,萑苇生之,水清而多鱼,渔棹往来不绝。春夏之交,听鹂者往焉,以衔隋堤之尾,取道少纡,游人不恒过,得无哗。升高处望之,'迷楼''平山'皆在项臂,江南诸山,历历青来。地盖在柳影、水影、山影之间,无他胜,然亦吾邑之选矣"①。这段关于"影园"的景物描写,包含着非常丰富的虚实对比,如柳

---

① (明)郑元勋:《影园自记》,杨光辉编注《中国历代园林图文精选》(第四辑),同济大学出版社 2005 年版,第 21、22 页。

（清）董诰《静怡轩梅花轴》

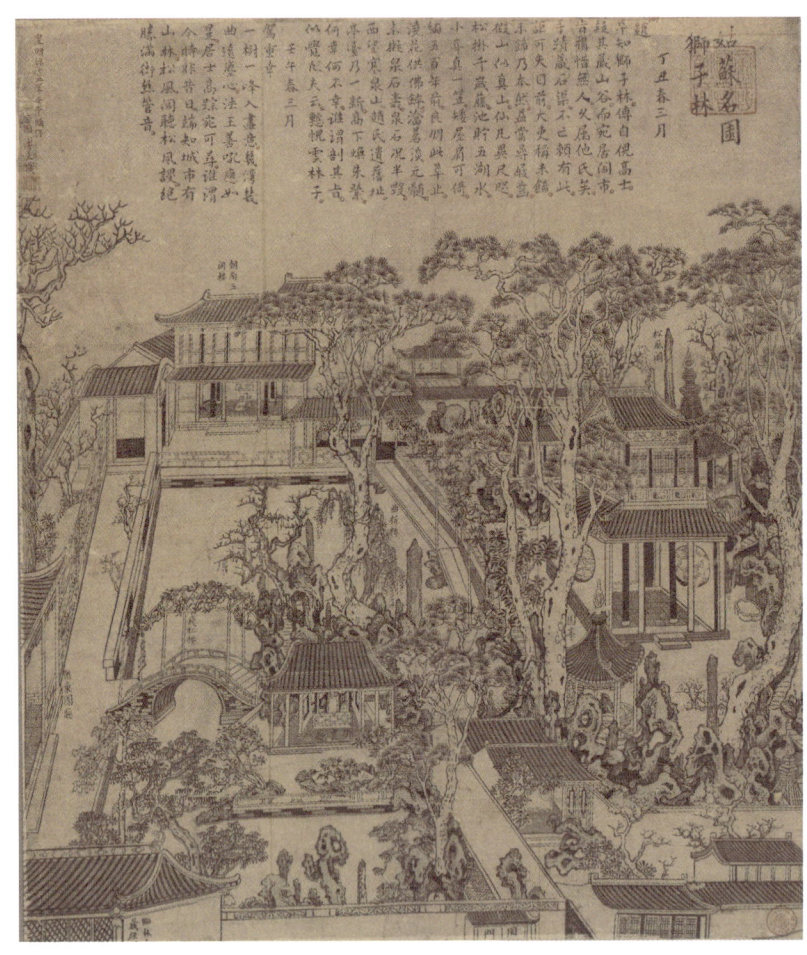

佚名《姑苏名园狮子林》

荷萑苇与清水，动态之渔棹与水之清静，无哗之静寂与听鹂者，
迷楼、平山与江南诸山，柳影水影山影与实景等。正是在这丰富
多彩的虚实对比中，"影园"的清、幽、雅之意境得以毕现。虚
实相生也是一种生命节奏，在山水写意园林之虚实对比之中呈现
一种优雅静穆的生活节奏，感染着我们，熏陶着我们。这就是山
水写意园林带给我们的永久的陶冶。

六、山水写意园林的当代价值

　　中国古典园林是世界上最早的三大园林之一，被公认为世界园
林之母，对于世界园林发展给予了重大影响。日本历史上著名的"神
泉苑""枯山水""石庭""茶庭"等，明显受到中国园林的直接
影响。17 世纪流行于英国乃至整个欧洲的"英中式园林"（Jardin
Anglo-Chinois），主要受到中国古典园林的启发。山水写意园林作
为中国传统园林的典型代表，具有重要的当代价值意义。

　　首先，山水写意园林得到世界的广泛认可和积极肯定。随着生
态美学的兴起，中国山水写意园林特别受到西方环境美学家的重视
与赞赏。美国著名环境美学家阿诺德·伯林特 21 世纪以来多次来
华讲学，其间多次前往北京、上海、杭州、苏州等地参观中国园林，
专门写了《中国园林的自然与家园》一文，论述中国园林，特别是
山水写意园林的审美特点。他说，中国文人园林所构成的独特人居
空间，拓展了我们对城市环境与自然环境及人类存在关系的理解，
其造园传统也模糊了人工与自然的差异，使得人们置身其中，犹如

置身自然之中，在那里我们找到了自己。① 另一位著名的加拿大环境美学家艾伦·卡尔松则于 1997 年写了《论日本园林的审美欣赏》一文，他在将日本园林，主要是"茶园"和"漫步园"，与法国和英国园林进行比较后说："我发现上述类型的日本园林很容易进行审美欣赏。置身其中，我发现自己不费力气就可以进入一种平静和安宁的观照状态，它以我感觉到很快乐、生活得很好为标志。"② 新时期以来，中国园林进一步得到世界的认可，产生新的一轮中国古代园林国外移植之风。1981 年，美国大都会博物馆仿造苏州网师园之殿春簃小院建成了明轩。明轩内有月亮门、曲廊、山石、竹木、花草和鱼池等，特别是书房之天井，墙角壁前叠石立峰，植有丛竹、蜡梅、天竺子、芭蕉，透过红木边框之窗框形成国画小品，写有对联"巢安翡翠春云暖，窗护芭蕉夜雨凉"，以及"灯火夜深书有味，墨华晨湛字生香"，富有诗情画意。书房前有石栏平台，渔网状花街铺地，以示渔隐。山水写意，意味深长。明轩成为境外造园的经典之作，被誉为中美文化交流的永恒展品，吸引了众多外国友人，受到广泛赞誉。此后，加拿大、德国、英国、瑞士等国都有对于山水写意园林的移植与建造，蔚然成风。

其次，山水写意园林是中国传统生态美学的智慧结晶，对于当代生态美学建设意义重大。中国传统文化是一种原生性的生态文化，因为中国古代是农业社会，以农为本，"天人合一"成为中国传统的文化模式。中国传统的儒释道都倡导"与天相和""生生之谓易"的文化理念，这种理念渗透于一切文化艺术之中，包括山水写意园林。山水写意园林的造园理念，诸如"虽由人作，宛自天开""巧

---

① Arnold Berleant，Aesthetics Beyond the Arts: New and Recent Essays，Ashgate Pub Co.，2012，p.131.
② （加）艾伦·卡尔松：《从自然到人文——艾伦·卡尔松环境美学文选》，薛富兴译，广西师范大学出版社 2012 年版，第 212 页。

于因借，精在体宜"　"虚实蜿蜒，方有生意"等等，都融注着丰富、深刻的中国传统文化的生态审美智慧，提供了"家园""宜居"与"诗意地栖居"这些生态美学范畴的东方表达，对于我们今天的生态美学建设具有重要的借鉴意义。卡尔松在论述日本园林解决自然与造园的矛盾时指出，"日本园林体现自然因素和艺术因素的辩证关系的最明显的方式，是通过将人工因素小心地安置在复杂的自然语境中。日本园林景观的一个本质的方面是人工制品通过自然因素的扩散"①。这段话，可以说是计成"虽由人作，宛自天开"的翻版，颇能说明山水写意园林及其理论的当代价值。伯林特认为，中国山水写意园林"提供了'环境审美交融的最佳条件'"②。伯林特是运用其环境美学的"介入式审美"或"融入式审美"观念来阐释中国山水写意园林的，也可以说是对"虽由人作，宛自天开"的当代阐释。山水写意园林所提倡的借景，如远借、邻借、仰借与俯借等等，以及湖舫之便面等，均是一种以动观静之法，是一种中国园林特有的"融入式审美"。从这一角度说，中国山水写意园林在当代具有普适意义。

中国传统山水写意园林的当代价值提示我们，应该充分重视它的艺术理念与审美追求所蕴含的生态审美智慧，将之运用到当代园林建设之中，使当代园林建设，乃至城市建设体现生态审美观念，建设更加美好同时又具有时代意义的新的园林，造福于人民。当然，当代园林建设也应该注意借鉴西方园林在处理人与自然和谐关系方面的有益经验，遵循"古为今用、洋为中用"的方针，以中国传统为根本，树立文化自信，大胆吸收传统中的精华，加以发扬，建设新的人民喜欢的山水写意园林。

---

① （加）艾伦·卡尔松：《从自然到人文——艾伦·卡尔松环境美学文选》，薛富兴译，广西师范大学出版社 2012 年版，第 214 页。

② Arnold Berleant, Aesthetics Beyond the Arts: New and Recent Essays, Ashgate Pub Co., 2012, p.131.

结

语

　　长期以来，中国到底有没有美学，是什么样的美学，是一直缠绕着中国美学工作者的重大论题。生态的环境的美学出现后，又出现了中国到底有没有自己的生态美学、是否只有生态审美智慧这样的问题。其中的原因是，"美学"的概念是德国人鲍姆加登 1750 年提出的，中国传统文献中没有"美学"这个词。"生态"的概念是德国人海克尔于 1866 年提出的，中国引进该词是民国以后的事情了。中国古典文献中虽有"生态"一词，但与主要由西方传来的、现在广泛应用的"生态"或"生态学"等概念的义涵相距甚远。中国美学研究，即使是当前得到广泛研究的生态美学研究，最普遍、最流行的研究范式是"以西释中"。这就是长期以来人们热衷讨论的"失语症"的问题。目前看来，关于中国古代是否有美学，是否有生态美学等问题，尚没有得到真正的解决。应该看到，美学与美学学科、生态美学与生态美学学科是有差别的。学术概念的产生可以说是某种学科的产生，但绝非某种文化形态的产生。按照康德的看法，人类的精神领域分为知、情、意三个方面，知与科学之认识对应，意与意志和道德对应，情则与情感、艺术、审美对应。因此，康德有著名的三大批判：《纯粹理性批判》《实践理性批判》与《判断力批判》。判断力批判被认为是情感判断力批判，着意于艺术与审美的特殊领域。由此可知，审美是人类的一种特有的情感生活，情感的经验。中国有着长达五千年的文化历史，并且出土过 8000 年前的骨笛，有着极为丰富的文化艺术传统，光辉灿烂。从这一点来说，中国必然有自己的美学与生态美学的理论。

　　中华民族诞育于黄土高原，以农业文明著称于世，"天人合一"是其基本的文化模式。因此，尽管"生态"一词 20 世纪初期才传入中国，但中国却很早就有了反映人与自然之和谐的审美关系的生态美学。中国历史上出现了大量反映人与自然和谐关系的文学艺术作品。就此而言，生态美学是中国原生性的美学形态，是内陆文化与农耕文明的必然产物。它是中国传统文化艺术的核心精神，可以说，中国的传统美学与传统艺术在某种意义上就是生态的自然的美学与艺术。

　　当然，由于具有自己的特殊的经济社会文化形态，所以，中国传统的哲学、美学与艺术思想是以不同于西方的形态表现出来的。如果以西方哲学、美学、文艺思想的形态为唯一判断的标准，那么中国传统的哲学、美学等似乎真的只能算是一种不成熟的"智慧"。但是，作为中华民族几千年情感生活反映的哲学、美学与艺术形态绝对不应被看作不成熟的所谓"智慧"。中国传统文化无疑发展出了成熟的哲学、美学和文艺思想，我们的前辈将这种哲学、美学概括为"生生之美"，即"生生美学"。"生生美学"没有西方形态的实体性的美，但却有着生存论、价值论的美。它的源头是作为中国文化源泉的《周易》，追求"与天地合其德"的符合德性的精神。中国美学与生态美学，按照前辈学者的总结，是一种"融合式"的审美与文化形态。这是一种全方位的"融合"，是真善美的融合，人与自然的融合，礼乐与刑政的融合。中国没有独立的美与审美，美总是与真善交融；中国也没有所谓独立的美学，美的思考与"穷天人之际"的哲学，甚至与科学相交融。中国的"生生美学"没有西方的理性逻辑，它与工具理性没有关系，也不是呈现什么"从感性到理性"的逻辑结构，它是一种意境式的审美的逻辑结构，是一种对于"言外之意""味外之旨""象外之象"的追求，是一种境界的美学。"生生美学"及其赖以产生的中国传统文化艺术，是中国人的精神归宿，是我们的乡愁之所在；没有了它们，我们无法找到自己的精神家园。在大幅度现代化与城市化的今天，传统文化与艺术遗产正在迅速消失，如果不加以保护，促使其发展，将会是难以弥补的巨大损失。时不我待，机不可失！

"生生美学"是一种传统的美学形态，尽管仍然通过传统文化艺术形式而存活至今，并在其发展过程中不断变化，但基本上还是一种传统的理论形态，需要现代的改造与转化。但到底是采取原有范畴之中的现代阐释呢？还是借助原有范畴吸收新的元素建设新的范畴呢？这些都需要探讨。本书对一些原有范畴进行了现代阐释，个别地方吸收新的元素，只是一种初步的探索，希望能得到有关学者批评指正。

中国传统的"生生美学"及有关艺术内容极其丰富多彩，本书只是一种新形势下的新的努力与出发，遗漏与错误难以避免。至于"生生美学"的国际交流，希望能够逐步得到国际学者同情的理解与适度的接受。